LINEAR ALGEBRA

线性代数
习题册

XIANXING DAISHU XITICE

主　编　居腾霞　缪雪晴

江苏大学出版社
JIANGSU UNIVERSITY PRESS
镇　江

图书在版编目(CIP)数据

线性代数习题册 / 居腾霞，缪雪晴主编. — 镇江 ：
江苏大学出版社，2018.6(2025.1 重印)
ISBN 978-7-5684-0844-8

Ⅰ. ①线… Ⅱ. ①居… ②缪… Ⅲ. ①线性代数－高
等学校－习题集 Ⅳ. ①O151.2－44

中国版本图书馆 CIP 数据核字(2018)第 107812 号

线性代数习题册

主　　编/居腾霞　缪雪晴
责任编辑/吴春娥　汪再非
出版发行/江苏大学出版社
地　　址/江苏省镇江市京口区学府路 301 号(邮编：212013)
电　　话/0511-84446464(传真)
网　　址/http://press.ujs.edu.cn
印　　刷/句容市排印厂
开　　本/787 mm×1 092 mm　1/16
印　　张/7.5
字　　数/88 千字
版　　次/2018 年 6 月第 1 版
印　　次/2025 年 1 月第 9 次印刷
书　　号/ISBN 978-7-5684-0844-8
定　　价/20.00 元

如有印装质量问题请与本社营销部联系(电话:0511-84440882)

前　言

线性代数是高等学校理工、经济、管理等学科相关专业必修的一门公共基础课程，也是全国硕士研究生入学考试科目“高等数学”中的必考课程. 线性代数的理论与方法被广泛应用于科学技术的各个领域，因而它在代数学分支中占有重要的基础地位. 线性代数概念多且抽象，逻辑性很强，为了让学生加深对课程内容的理解，更好地掌握其思想方法，我们编写了这本《线性代数习题册》.

本书由南通大学理学院数学系主讲“线性代数”课程的教师共同编写而成，同时得到了学校和学院的大力支持. 本书与同济大学数学系编写的《线性代数》(第六版)教材相配套，对每个章节的知识点进行了总结和归纳，便于读者系统掌握相关知识，并在各章节知识点之后配备了相应的习题，最后提供了两套模拟试卷供学生自测.

本书第一章由于霞老师编写，第二章由龚海萍老师编写，第三章由王占君老师编写，第四章由罗秀花老师编写，第五章由李洵老师编写，全书由居腾霞老师和缪雪晴老师统稿. 书中练习题配有参考答案，希望对读者掌握解题方法起到启迪作用.

限于编者水平，书中难免有疏漏和不妥之处，敬请读者批评指正.

编　者

2018 年 4 月

目　　录

第一章

行列式

内容概要

1. 二、三阶行列式及 n 阶行列式的定义

（1）二阶行列式的定义：$\begin{vmatrix} a_{11} & a_{12} \\ a_{21} & a_{22} \end{vmatrix}=a_{11}a_{22}-a_{12}a_{21}$.

（2）三阶行列式的定义：

$$D=\begin{vmatrix} a_{11} & a_{12} & a_{13} \\ a_{21} & a_{22} & a_{23} \\ a_{31} & a_{32} & a_{33} \end{vmatrix}$$

$$=a_{11}a_{22}a_{33}+a_{12}a_{23}a_{31}+a_{13}a_{21}a_{32}-a_{11}a_{23}a_{32}-a_{12}a_{21}a_{33}-a_{13}a_{22}a_{31}.$$

（3）n 阶行列式 $D_n=\begin{vmatrix} a_{11} & a_{12} & \cdots & a_{1n} \\ a_{21} & a_{22} & \cdots & a_{2n} \\ \vdots & \vdots & & \vdots \\ a_{n1} & a_{n2} & \cdots & a_{nn} \end{vmatrix}=\sum\limits_{p_1p_2\cdots p_n}(-1)^{\tau(p_1p_2\cdots p_n)}a_{1p_1}a_{2p_2}\cdots a_{np_n}$

① n 阶行列式是 $n!$ 项的代数和；

② 每一项是取自不同行不同列的 n 个元素的乘积 $a_{1p_1}a_{2p_2}\cdots a_{np_n}$（$p_1p_2\cdots p_n$ 是 $1,2,\cdots,n$ 的一个排列）；

③ 当 $p_1p_2\cdots p_n$ 是偶排列时，$a_{1p_1}a_{2p_2}\cdots a_{np_n}$ 带正号，当 $p_1p_2\cdots p_n$ 是奇排列时，$a_{1p_1}a_{2p_2}\cdots a_{np_n}$ 带负号.

2. 行列式的性质与行列式按行（列）展开

（1）行列式的性质：

① 行列式 D 与其转置行列式 D^{T} 相等（即 $D^{\mathrm{T}}=D$）.

② 交换行列式的两行（或列），行列式改变符号（设 D_1 是变换后的行列式，则 $D\xlongequal{r_i\leftrightarrow r_j}$

$-D_1$ 或 $D\xlongequal{c_i\leftrightarrow c_j}-D_1$).

③ 行列式中某行(或列)的公因子可以提到行列式符号外面做因子.

$\left(\text{即 } D\xlongequal{r_i\times\frac{1}{k}(k\neq 0)}kD_1 \text{ 或 } D\xlongequal{c_i\times\frac{1}{k}(k\neq 0)}kD_1\right)$

④ n 阶行列式 D 可以按第 i 行(或列)拆成两个行列式 D_1 与 D_2 的和,即 $D=D_1+D_2$.其中 D 的第 i 行(或列)为 D_1 与 D_2 的第 i 行(或列)的和;D,D_1,D_2 的其余各行(或列)对应元素则完全一样.

⑤ 把行列式某一行(或列)的元素同乘一数后加到另一行(或列)的对应位置元素上,行列式的值不变.(即 $D\xlongequal{r_i+kr_j}D_1$ 或 $D\xlongequal{c_i+kc_j}D_1$)

(2) 行列式按行(列)展开:

① n 阶行列式 D 的某行(或列)元素与对应元素的代数余子式乘积之和为 D.

② 行列式的某行(或列)元素与另一行(或列)对应元素的代数余子式乘积之和为 0.即

$$a_{i1}A_{k1}+a_{i2}A_{k2}+\cdots+a_{in}A_{kn}=\begin{cases}D(i=k)\\0(i\neq k)\end{cases},$$

$$a_{1j}A_{1t}+a_{2j}A_{2t}+\cdots+a_{nj}A_{nt}==\begin{cases}D(j=t)\\0(j\neq t)\end{cases}.$$

班级＿＿＿＿＿＿ 姓名＿＿＿＿＿＿ 学号＿＿＿＿＿＿

一、判断题

1. 若 n 阶行列式 D 恰有 n 个元素非零,则 $D\neq 0$. ( )

2. 若 $n(n>2)$ 阶行列式 $D=0$,则 D 有两行(列)元素相同. ( )

3. n 阶行列式中元素 a_{ij} 的余子式 M_{ij} 与代数余子式 A_{ij} 的关系是 $A_{ij}=-M_{ij}$. ( )

4. 若逆序数 $\tau(i_1 i_2 i_3 \cdots i_n)=t$,则 $\tau(i_2 i_1 i_3 \cdots i_n)=t\pm 1$. ( )

5. 设 $\boldsymbol{A},\boldsymbol{B}$ 为 n 阶方阵,则 $|\boldsymbol{A}-\boldsymbol{B}|=|\boldsymbol{A}|+(-1)^n|\boldsymbol{B}|$. ( )

6. 若 n 阶行列式 D 的零元多于 n^2-n 个,则 $D=0$. ( )

7. 四阶行列式的展开式中含有 a_{32} 的项共有 6 项. ( )

8. 设 $i_1 i_2 \cdots i_{n-1} i_n$ 是奇排列,则 $i_n i_{n-1} \cdots i_2 i_1$ 是偶排列. ( )

9. 一个不等于 0 的 n 阶行列式中非零的元素至少有 n 个. ( )

10. 若行列式 D 的元素都是整数,则 D 的值也是整数. ( )

11. n 阶行列式主对角线上的元素乘积项带正号,副对角线元素乘积项带负号. ( )

12. n 阶行列式 D 的一般项的 $a_{i_1 j_1} a_{i_2 j_2} \cdots a_{i_n j_n}$ 的符号是 $(-1)^{\tau(j_1 j_2 \cdots j_n)}$. ( )

13. 若 n 阶行列式 $D=0$,则互换行列式的任意两行或两列 D 仍为零. ( )

14. 任意两个行列式都可以相乘. ( )

15. 若一个行列式等于 0,则它必有一行(列)元素全为 0,或有两行(列)完全相同,或有两行(列)元素成比例. ( )

二、填空题

1. 排列 14536287 的逆序数为＿＿＿＿＿＿.

2. 五阶行列式中,项 $a_{31}a_{25}a_{14}a_{43}a_{52}$ 的符号为＿＿＿＿＿＿.

3. 设 D 为四阶行列式,且第 3 列元素分别为 $1,3,-2,2$,它们的余子式分别为 $3,-2,1,1$,则 $D=$＿＿＿＿＿＿.

4. 四阶行列式 $\begin{vmatrix} 0 & 1 & 0 & 0 \\ 3 & 0 & 0 & 0 \\ 0 & 0 & 1 & 3 \\ 0 & 0 & 3 & 2 \end{vmatrix}=$＿＿＿＿＿＿.

5. 若三阶行列式中 $\begin{vmatrix} 1 & 0 & 2 \\ x & 3 & 1 \\ 4 & x & 5 \end{vmatrix}$ 中代数余子式 $A_{12}=-1$,则 $A_{21}=$＿＿＿＿＿＿.

6. 设 n 阶行列式 D 的值为 a,若将 D 的所有元素改变符号,则得到的行列式的值为＿＿＿＿＿＿.

7. 设 $\boldsymbol{A}$ 是 3 阶方阵,$\boldsymbol{B}$ 是 2 阶方阵,且 $|\boldsymbol{A}|=2$,$|\boldsymbol{B}|=3$,则 $\begin{vmatrix} -2\boldsymbol{A} & \boldsymbol{O} \\ \boldsymbol{O} & \boldsymbol{B} \end{vmatrix}=$＿＿＿＿.

8. 设 a,b 为实数,则当 $a=$＿＿＿＿,$b=$＿＿＿＿时,$\begin{vmatrix} a & b & 0 \\ -b & a & 0 \\ -1 & 0 & -1 \end{vmatrix}=0$.

9. 设 $D=\begin{vmatrix} 2 & 3 & 1 & 0 \\ 0 & 3 & 2 & 5 \\ 1 & 1 & -1 & 2 \\ -1 & -1 & -1 & 1 \end{vmatrix}$,则 $A_{21}+A_{22}+A_{23}+A_{24}=$____________.

10. 设 $D=\begin{vmatrix} x & 1 & -1 & x \\ 2 & 2 & 1 & x \\ -7 & 1 & 4 & 3 \\ 1 & -7 & 1 & x \end{vmatrix}$,则常数项为____________.

11. 排列 51436287 的逆序数为____________.

12. n 个不同元素的全排列中,奇排列的个数为____________.

13. 设 D 为四阶行列式,且第 3 列元素都是 2,它们的余子式都是 3,则 $D=$____________.

14. 已知四阶行列式 $D=\begin{vmatrix} 1 & 1 & 1 & 1 \\ 1 & -1 & 1 & 1 \\ 1 & 1 & 1 & -1 \\ 0 & 0 & 3 & 2 \end{vmatrix}$,则 $M_{11}+M_{12}+M_{13}-M_{14}$ $=$____________.

15. $f(x)=\begin{vmatrix} x & -x & -1 & x \\ 2 & 2 & 3 & x \\ -7 & 10 & 4 & 3 \\ 1 & -7 & 1 & x \end{vmatrix}$是________次多项式.

三、计算题

1. $D=\begin{vmatrix} 4 & 1 & 2 & 4 \\ 1 & 2 & 0 & 2 \\ 10 & 5 & 2 & 0 \\ 0 & 1 & 1 & 7 \end{vmatrix}$.

2. $D=\begin{vmatrix} 2008 & 1986 & 1964 \\ 2009 & 1987 & 1965 \\ 2010 & 1988 & 1966 \end{vmatrix}$.

3. $D=\begin{vmatrix} 3 & 1 & 0 & 0 \\ 0 & 3 & 1 & 0 \\ 0 & 0 & 3 & 1 \\ 3 & 3 & 3 & 3 \end{vmatrix}$.

4. $D=\begin{vmatrix} 1 & 1 & 1 \\ a & b & c \\ b+c & c+a & a+b \end{vmatrix}$.

5. $D=\begin{vmatrix} 3 & 1 & 1 & 1 \\ 1 & 3 & 1 & 1 \\ 1 & 1 & 3 & 1 \\ 1 & 1 & 1 & 3 \end{vmatrix}$.

6. $D=\begin{vmatrix} 2 & 1 & 4 & 1 \\ 3 & -1 & 2 & 1 \\ 1 & 2 & 3 & 2 \\ 5 & 0 & 6 & 2 \end{vmatrix}$.

7. $D=\begin{vmatrix} 1823 & 823 & 23 & 3 \\ 1549 & 549 & 49 & 9 \\ 1667 & 667 & 67 & 7 \\ 1986 & 986 & 86 & 6 \end{vmatrix}$.

8. $D=\begin{vmatrix} 2 & 3 & 1 & 0 \\ 1 & 1 & 1 & 1 \\ 1 & 1 & -1 & 2 \\ -1 & -1 & -1 & 1 \end{vmatrix}$.

9. $D=\begin{vmatrix} 1 & 2 & 0 & 1 \\ -1 & 1 & 6 & 1 \\ -1 & 1 & 2 & -1 \\ 1 & 1 & 0 & 0 \end{vmatrix}$.

10. $D=\begin{vmatrix} 1 & 1 & 1 & 1 \\ 1 & 2 & 3 & 4 \\ 1 & 4 & 9 & 16 \\ 1 & 8 & 27 & 64 \end{vmatrix}$.

11. $D=\begin{vmatrix} 0 & 0 & 0 & a_{14} \\ 0 & 0 & a_{23} & 0 \\ 0 & a_{32} & 0 & 0 \\ a_{41} & 0 & 0 & 0 \end{vmatrix}$.

12. $D=\begin{vmatrix} 1 & 4 & 9 & 16 \\ 4 & 9 & 16 & 25 \\ 9 & 16 & 25 & 36 \\ 16 & 25 & 36 & 49 \end{vmatrix}$.

13. $D=\begin{vmatrix} 3 & 1 & -1 & 2 \\ -5 & 1 & 3 & -4 \\ 2 & 0 & 1 & -1 \\ 1 & -5 & 3 & -3 \end{vmatrix}$.

14. $D=\begin{vmatrix} x & -1 & 0 & 0 \\ 0 & x & -1 & 0 \\ 0 & 0 & x & -1 \\ 1 & 2 & 3 & 4 \end{vmatrix}$.

15. $D=\begin{vmatrix} 1 & 2 & 3 & 4 \\ 2 & 3 & 4 & 1 \\ 3 & 4 & 1 & 2 \\ 4 & 1 & 2 & 3 \end{vmatrix}$.

16. $D=\begin{vmatrix} 1 & 1 & 1 & 1 \\ 1 & 1 & 0 & -5 \\ -1 & 3 & 1 & 3 \\ 2 & -4 & -1 & -3 \end{vmatrix}$.

17. $D=\begin{vmatrix} 1 & -5 & 2 & 1 \\ -1 & 1 & 0 & -5 \\ 1 & 3 & 1 & 3 \\ -1 & -4 & -1 & -3 \end{vmatrix}$.

18. $D=\begin{vmatrix} 1 & 1 & 1 & 1 \\ 2 & 4 & 6 & 8 \\ 2 & 8 & 18 & 32 \\ 1 & 8 & 27 & 64 \end{vmatrix}$.

19. $D=\begin{vmatrix} 3 & 2 & 0 & 1 \\ -1 & 1 & 6 & 0 \\ 1 & 1 & 1 & 0 \\ -3 & 1 & 0 & -2 \end{vmatrix}$.

20. $D=\begin{vmatrix} \alpha+\beta & \alpha\beta & 0 & 0 \\ 1 & \alpha+\beta & \alpha\beta & 0 \\ 0 & 1 & \alpha+\beta & \alpha\beta \\ 0 & 0 & 1 & \alpha+\beta \end{vmatrix}(\alpha\neq\beta)$.

21. $D=\begin{vmatrix} 1 & 2 & -1 & 2 \\ 3 & 10 & 1 & 5 \\ 1 & -2 & 0 & 3 \\ -2 & -4 & 1 & 6 \end{vmatrix}$.

22. $D=\begin{vmatrix} a & 0 & 0 & 1 \\ 0 & b & 0 & 0 \\ 0 & 0 & c & 0 \\ 1 & 0 & 0 & d \end{vmatrix}$.

23. $D=\begin{vmatrix} 4 & 1 & -2 & -3 \\ -2 & -3 & 6 & 4 \\ 3 & -4 & 5 & 2 \\ 5 & 2 & 3 & 7 \end{vmatrix}$.

24. $D_n=\begin{vmatrix} a & b & b & \cdots & b \\ b & a & b & \cdots & b \\ b & b & a & \cdots & b \\ \vdots & \vdots & \vdots & & \vdots \\ b & b & b & \cdots & a \end{vmatrix}$.

25. $D_n=\begin{vmatrix} x & -1 & 0 & \cdots & 0 & 0 \\ 0 & x & -1 & \cdots & 0 & 0 \\ \vdots & \vdots & \vdots & & \vdots & \vdots \\ 0 & 0 & 0 & \cdots & x & -1 \\ 1 & 2 & 3 & \cdots & n-1 & n \end{vmatrix}$.

班级______________ 姓名______________ 学号______________

26. $D_n=\begin{vmatrix} a_1+\lambda & a_2 & \cdots & a_n \\ a_1 & a_2+\lambda & \cdots & a_n \\ \vdots & \vdots & & \vdots \\ a_1 & a_2 & \cdots & a_n+\lambda \end{vmatrix}$.

27. $D_n=\begin{vmatrix} 1 & 1 & 1 & \cdots & 1 \\ 1 & 2 & 2 & \cdots & 2 \\ 1 & 2 & 3 & \cdots & 3 \\ \vdots & \vdots & \vdots & & \vdots \\ 1 & 2 & 3 & \cdots & n \end{vmatrix}$.

28. $D_n=\begin{vmatrix} a & & 1 \\ & \ddots & \\ 1 & & a \end{vmatrix}$,其中对角线上元素都是 a,未写出的元素都是 0.

29. $D_n=\begin{vmatrix} 1+a_1 & 1 & \cdots & 1 \\ 1 & 1+a_2 & \cdots & 1 \\ \vdots & \vdots & & \vdots \\ 1 & 1 & \cdots & 1+a_n \end{vmatrix}$,其中 $a_1a_2\cdots a_n\neq 0$.

30. $D_n=\begin{vmatrix} 1 & 2 & 3 & \cdots & n-1 & n \\ 2 & 1 & 3 & \cdots & n-1 & n \\ 2 & 3 & 1 & \cdots & n-1 & n \\ \vdots & \vdots & \vdots & & \vdots & \vdots \\ 2 & 3 & 4 & \cdots & 1 & n \\ 2 & 3 & 4 & \cdots & n & 1 \end{vmatrix}$.

31. $D_n=\begin{vmatrix} 2 & 1 & 0 & \cdots & 0 & 0 \\ 1 & 2 & 1 & \cdots & 0 & 0 \\ 0 & 1 & 2 & \cdots & 0 & 0 \\ \vdots & \vdots & \vdots & & \vdots & \vdots \\ 0 & 0 & 0 & \cdots & 1 & 2 \end{vmatrix}$.

32. $D_n=\begin{vmatrix} 2 & 1 & 1 & \cdots & 1 & 1 \\ 1 & 2 & 1 & \cdots & 1 & 1 \\ 1 & 1 & 2 & \cdots & 1 & 1 \\ \vdots & \vdots & \vdots & & \vdots & \vdots \\ 1 & 1 & 1 & \cdots & 2 & 1 \\ 1 & 1 & 1 & \cdots & 1 & 2 \end{vmatrix}$.

33. $D_n=\begin{vmatrix} x & -1 & 0 & \cdots & 0 & 0 \\ 0 & x & -1 & \cdots & 0 & 0 \\ 0 & 0 & x & \cdots & 0 & 0 \\ \vdots & \vdots & \vdots & & \vdots & \vdots \\ 0 & 0 & 0 & \cdots & x & -1 \\ a_0 & a_1 & a_2 & \cdots & a_{n-2} & a_{n-1} \end{vmatrix}$.

34. $D_n=\begin{vmatrix} a & 0 & 0 & \cdots & 1 \\ 0 & a & 0 & \cdots & 0 \\ 0 & 0 & a & \cdots & 0 \\ \vdots & \vdots & \vdots & & \vdots \\ 1 & 0 & 0 & \cdots & a \end{vmatrix}$.

35. $D_n=\begin{vmatrix} b_1 & b_2 & b_3 & \cdots & b_n \\ -a_1 & a_2 & 0 & \cdots & 0 \\ 0 & -a_2 & a_3 & \cdots & 0 \\ \vdots & \vdots & \vdots & & \vdots \\ 0 & 0 & 0 & \cdots & a_n \end{vmatrix}$ $(a_1a_2\cdots a_n\neq 0)$.

第二章

矩阵及其运算

内容概要

1. 矩阵的运算

(1) 矩阵的线性运算:

① 加法:两个同型矩阵 $\boldsymbol{A}=(a_{ij})_{m\times n}$ 与 $\boldsymbol{B}=(b_{ij})_{m\times n}$ 的和矩阵为 $\boldsymbol{A}+\boldsymbol{B}=(a_{ij}+b_{ij})_{m\times n}$.

② 数乘法:数 k 与矩阵 $\boldsymbol{A}=(a_{ij})_{m\times n}$ 的数量乘积矩阵 $k\boldsymbol{A}=(ka_{ij})_{m\times n}$.

(2) 矩阵乘法运算:

① $m\times s$ 矩阵 $\boldsymbol{C}=(c_{ij})_{m\times s}$ 称为矩阵 $\boldsymbol{A}=(a_{ik})_{m\times n}$ 与 $\boldsymbol{B}=(b_{kj})_{n\times s}$ 的乘积.

其中,$c_{ij}=a_{i1}b_{1j}+a_{i2}b_{2j}+\cdots+a_{in}b_{nj}(i=1,2,\cdots,m;j=1,2,\cdots,s)$.

② $\boldsymbol{A}^k=\overbrace{\boldsymbol{A}\boldsymbol{A}\cdots\boldsymbol{A}}^{k个}$为 n 阶方阵 $\boldsymbol{A}$ 的 k 次幂,特别规定 $\boldsymbol{A}^0=\boldsymbol{E}$.

③ $f(\boldsymbol{A})=a_m\boldsymbol{A}^m+a_{m-1}\boldsymbol{A}^{m-1}+\cdots+a_1\boldsymbol{A}+a_0\boldsymbol{E}$($a_i$ 为数)为方阵 $\boldsymbol{A}$ 的多项式.

(3) 矩阵的转置:

以 $\boldsymbol{A}=(a_{ij})_{m\times n}$ 的行为列、列为行构成的 $n\times m$ 矩阵 $\boldsymbol{A}^{\mathrm{T}}=(a_{ji})_{n\times m}$ 为 $\boldsymbol{A}$ 的转置矩阵.

$\boldsymbol{A}$ 是 n 阶方阵,如果 $\boldsymbol{A}^{\mathrm{T}}=\boldsymbol{A}$,那么称 $\boldsymbol{A}$ 为对称矩阵;如果 $\boldsymbol{A}^{\mathrm{T}}=-\boldsymbol{A}$,那么称 $\boldsymbol{A}$ 为反对称矩阵.

(4) 方阵的行列式:

以 n 阶方阵 $\boldsymbol{A}$ 的元素构成的行列式 $|a_{ij}|_n$ 称为方阵 $\boldsymbol{A}$ 的行列式,记为 $|\boldsymbol{A}|$ 或 $\det\boldsymbol{A}$.

2. 可逆矩阵

(1) 设 $\boldsymbol{A}$ 是 n 阶方阵,如果存在 n 阶方阵 $\boldsymbol{B}$,使得 $\boldsymbol{AB}=\boldsymbol{BA}=\boldsymbol{E}$,称 $\boldsymbol{A}$ 为可逆矩阵,称 $\boldsymbol{B}$ 为 $\boldsymbol{A}$ 的一个逆矩阵.

(2) 可逆矩阵的逆矩阵唯一.

(3) 设 $\boldsymbol{A}=(a_{ij})_{n\times n}$,称由以 $\boldsymbol{A}$ 的第 $i(i=1,2,\cdots,n)$ 行元素在 $|\boldsymbol{A}|$ 中的代数余子式 $\boldsymbol{A}_{ij}$ $(j=1,2,\cdots,n)$ 为第 i 列元素构成的矩阵 $\boldsymbol{A}^*=(\boldsymbol{A}_{ji})_{n\times n}$ 为 $\boldsymbol{A}$ 的伴随矩阵.

(4) 设 $\boldsymbol{A}$ 是 n 阶方阵，$\boldsymbol{A}^*$ 是 $\boldsymbol{A}$ 的伴随矩阵，则 $\boldsymbol{AA}^*=\boldsymbol{A}^*\boldsymbol{A}=|\boldsymbol{A}|\boldsymbol{E}$.

(5) n 阶方阵 $\boldsymbol{A}$ 是可逆的充分必要条件为 $|\boldsymbol{A}|\neq 0$. 而且 $\boldsymbol{A}^{-1}=\dfrac{1}{|\boldsymbol{A}|}\boldsymbol{A}^*$.

(6) 可逆矩阵具有如下运算性质：

① $\boldsymbol{A}$ 是 n 阶可逆矩阵，$\boldsymbol{A}$ 的逆矩阵 $\boldsymbol{A}^{-1}$ 也可逆，且 $(\boldsymbol{A}^{-1})^{-1}=\boldsymbol{A}$.

② $\boldsymbol{A}$ 是 n 阶可逆矩阵，k 是非零数，则 $k\boldsymbol{A}$ 可逆，且 $(k\boldsymbol{A})^{-1}=k^{-1}\boldsymbol{A}^{-1}$.

③ $\boldsymbol{A},\boldsymbol{B}$ 都是 n 阶可逆矩阵，那么 $\boldsymbol{AB}$ 也可逆，且 $(\boldsymbol{AB})^{-1}=\boldsymbol{B}^{-1}\boldsymbol{A}^{-1}$.

④ $\boldsymbol{A}$ 是 n 阶可逆矩阵，$\boldsymbol{A}^{\mathrm{T}}$ 也可逆，且 $(\boldsymbol{A}^{\mathrm{T}})^{-1}=(\boldsymbol{A}^{-1})^{\mathrm{T}}$.

⑤ $\boldsymbol{A}$ 是 m 阶可逆矩阵，$\boldsymbol{B},\boldsymbol{C}$ 都是 $m\times n$ 矩阵，且 $\boldsymbol{AB}=\boldsymbol{AC}$，则 $\boldsymbol{B}=\boldsymbol{C}$；
$\boldsymbol{A}$ 是 n 阶可逆矩阵，$\boldsymbol{B},\boldsymbol{C}$ 都是 $m\times n$ 矩阵，且 $\boldsymbol{BA}=\boldsymbol{CA}$，则 $\boldsymbol{B}=\boldsymbol{C}$.

3. 克拉默法则

(1) 设 n 个变量，n 个方程的线性方程组为

$$\begin{cases} a_{11}k_1+a_{12}k_2+\cdots+a_{1n}k_n=b_1, \\ a_{21}x_1+a_{22}x_2+\cdots+a_{2n}x_n=b_2, \\ \cdots\cdots\cdots\cdots \\ a_{n1}x_1+a_{n2}x_2+\cdots+a_{nn}x_n=b_n. \end{cases}$$

如果该线性方程组的系数行列式 $D=|a_{ij}|_n\neq 0$，则方程组有唯一解：

$$x_1=\frac{D_1}{D},x_2=\frac{D_2}{D},\cdots,x_n=\frac{D_n}{D}.$$

其中 $D_j(j=1,2,\cdots,n)$ 是 D 中第 j 列换成常数项 $b_1,b_2,\cdots,b_n$ 其余各列不变得到的行列式，

$$\text{即 } D_j=\begin{vmatrix} a_{11} & \cdots & a_{1j-1} & b_1 & a_{1j+1} & \cdots & a_{1n} \\ a_{21} & \cdots & a_{2j-1} & b_2 & a_{2j+1} & \cdots & a_{2n} \\ \vdots & & \vdots & \vdots & \vdots & & \vdots \\ a_{n1} & \cdots & a_{nj-1} & b_n & a_{nj+1} & \cdots & a_{nn} \end{vmatrix},\ j=1,2,\cdots,n.$$

(2) 设齐次线性方程组为
$$\begin{cases} a_{11}x_1+a_{12}x_2+\cdots+a_{1n}x_n=0, \\ a_{21}x_1+a_{22}x_2+\cdots+a_{2n}x_n=0, \\ \cdots\cdots\cdots\cdots \\ a_{n1}x_1+a_{n2}x_2+\cdots+a_{nn}x_n=0. \end{cases}$$

① 如果系数行列式 $D\neq 0$，则该齐次线性方程组只有零解；

② 如果该齐次线性方程组有非零解，那么它的系数行列式 $D=0$.

4. 分块矩阵及其运算

用若干条横线和纵线将矩阵分成若干小矩阵，以小矩阵为元素的矩阵表示形式称为分块矩阵. 我们将这些小块称为矩阵的子块.

(1) 加法：对两个 $m\times n$ 矩阵 $\boldsymbol{A}=(a_{ij})_{m\times n}$，$\boldsymbol{B}=(b_{ij})_{m\times n}$ 进行同样分块，则 $\boldsymbol{A}+\boldsymbol{B}$ 为对应块相加得到的分块矩阵.

(2) 数乘法：设 $\boldsymbol{A}=(a_{ij})_{m\times n}$ 是一个 $m\times n$ 矩阵，k 是一个数则 kA 为由 k 数乘每个子块矩阵得到的分块矩阵.

(3) 乘法：设 $\boldsymbol{A}=(a_{ik})_{m\times n}$，$\boldsymbol{B}=(b_{kj})_{n\times t}$，将 $\boldsymbol{A},\boldsymbol{B}$ 分块为

$$\boldsymbol{A}=\begin{pmatrix}\boldsymbol{A}_{11} & \boldsymbol{A}_{12} & \cdots & \boldsymbol{A}_{1p}\\ \boldsymbol{A}_{21} & \boldsymbol{A}_{22} & \cdots & \boldsymbol{A}_{2p}\\ \vdots & \vdots & & \vdots\\ \boldsymbol{A}_{s1} & \boldsymbol{A}_{s2} & \cdots & \boldsymbol{A}_{sp}\end{pmatrix},\boldsymbol{B}=\begin{pmatrix}\boldsymbol{B}_{11} & \boldsymbol{B}_{12} & \cdots & \boldsymbol{B}_{1q}\\ \boldsymbol{B}_{21} & \boldsymbol{B}_{22} & \cdots & \boldsymbol{B}_{2q}\\ \vdots & \vdots & & \vdots\\ \boldsymbol{B}_{p1} & \boldsymbol{B}_{p2} & \cdots & \boldsymbol{B}_{pq}\end{pmatrix},\text{则 }\boldsymbol{AB}=\begin{pmatrix}\boldsymbol{C}_{11} & \boldsymbol{C}_{12} & \cdots & \boldsymbol{C}_{1q}\\ \boldsymbol{C}_{21} & \boldsymbol{C}_{22} & \cdots & \boldsymbol{C}_{2q}\\ \vdots & \vdots & & \vdots\\ \boldsymbol{C}_{s1} & \boldsymbol{C}_{s2} & \cdots & \boldsymbol{C}_{sq}\end{pmatrix}.$$

其中 $\boldsymbol{A}_{ik}$ 为 $m_i\times n_k$ 矩阵，$\boldsymbol{B}_{kj}$ 为 $n_k\times t_j$ 矩阵，$\boldsymbol{C}_{ij}=\boldsymbol{A}_{i1}\boldsymbol{B}_{1j}+\boldsymbol{A}_{i2}\boldsymbol{B}_{2j}+\cdots+\boldsymbol{A}_{ip}\boldsymbol{B}_{pj}$.

(4) 转置：设 $\boldsymbol{A}=(a_{ij})_{m\times n}$ 是一个 $m\times n$ 矩阵，将 $\boldsymbol{A}$ 分块为

$$\boldsymbol{A}=\begin{pmatrix}\boldsymbol{A}_{11} & \boldsymbol{A}_{12} & \cdots & \boldsymbol{A}_{1t}\\ \boldsymbol{A}_{21} & \boldsymbol{A}_{22} & \cdots & \boldsymbol{A}_{2t}\\ \vdots & \vdots & & \vdots\\ \boldsymbol{A}_{s1} & \boldsymbol{A}_{s2} & \cdots & \boldsymbol{A}_{st}\end{pmatrix},\text{则 }\boldsymbol{A}^{\mathrm{T}}=\begin{pmatrix}\boldsymbol{A}_{11}^{\mathrm{T}} & \boldsymbol{A}_{21}^{\mathrm{T}} & \cdots & \boldsymbol{A}_{s1}^{\mathrm{T}}\\ \boldsymbol{A}_{12}^{\mathrm{T}} & \boldsymbol{A}_{22}^{\mathrm{T}} & \cdots & \boldsymbol{A}_{s2}^{\mathrm{T}}\\ \vdots & \vdots & & \vdots\\ \boldsymbol{A}_{1t}^{\mathrm{T}} & \boldsymbol{A}_{2t}^{\mathrm{T}} & \cdots & \boldsymbol{A}_{st}^{\mathrm{T}}\end{pmatrix}.$$

班级__________ 姓名__________ 学号__________

一、判断题

1. 若 $\boldsymbol{A}^2=\boldsymbol{0}$，则 $\boldsymbol{A}=\boldsymbol{0}$. （　）
2. 若 $\boldsymbol{A},\boldsymbol{B}$ 都是 n 阶方阵，则 $(\boldsymbol{AB})^k=\boldsymbol{A}^k\boldsymbol{B}^k$. （　）
3. 若 $\boldsymbol{A},\boldsymbol{B}$ 都是 n 阶方阵，则 $(\boldsymbol{AB})^{\mathrm{T}}=\boldsymbol{A}^{\mathrm{T}}\boldsymbol{B}^{\mathrm{T}}$. （　）
4. 设 $\boldsymbol{A},\boldsymbol{B}$ 都是 n 阶对称阵，则 $\boldsymbol{A}+\boldsymbol{B}$ 也是对称阵. （　）
5. 若 $\boldsymbol{A}^2=\boldsymbol{A}$，则 $\boldsymbol{A}=\boldsymbol{0}$ 或 $\boldsymbol{A}=\boldsymbol{E}$. （　）
6. 若 $\boldsymbol{AX}=\boldsymbol{AY}$，且 $\boldsymbol{A}\neq\boldsymbol{0}$，则 $\boldsymbol{X}=\boldsymbol{Y}$. （　）
7. 若 $\boldsymbol{A},\boldsymbol{B}$ 都是 $\boldsymbol{n}$ 阶方阵，则 $\boldsymbol{B}^2-\boldsymbol{A}^2=(\boldsymbol{B}-\boldsymbol{A})(\boldsymbol{B}+\boldsymbol{A})$. （　）
8. 若 $\boldsymbol{A},\boldsymbol{B}$ 都是 $\boldsymbol{n}$ 阶方阵，且 $\boldsymbol{A}\neq\boldsymbol{B}$，则 $|\boldsymbol{A}|\neq|\boldsymbol{B}|$. （　）
9. 设 $\boldsymbol{A}$ 是 n 阶方阵，则 $|-\boldsymbol{A}|=-|\boldsymbol{A}|$. （　）
10. 设 $\boldsymbol{A},\boldsymbol{B}$ 都是 n 阶对称阵，则 $\boldsymbol{AB}$ 也是对称阵. （　）
11. $\boldsymbol{A},\boldsymbol{B}$ 都是 n 阶方阵，则 $|\boldsymbol{A}+\boldsymbol{B}|=|\boldsymbol{A}|+|\boldsymbol{B}|$. （　）
12. $\boldsymbol{A},\boldsymbol{B},\boldsymbol{C}$ 都是 n 阶方阵，满足 $\boldsymbol{AB}=\boldsymbol{AC}$，且 $\boldsymbol{A}$ 可逆，则 $\boldsymbol{B}=\boldsymbol{C}$. （　）
13. $\boldsymbol{A},\boldsymbol{B}$ 都是 n 阶方阵，则 $|\boldsymbol{AB}|=|\boldsymbol{BA}|$. （　）
14. $\boldsymbol{A},\boldsymbol{B}$ 都是 n 阶方阵，且 $\boldsymbol{A}$ 可逆，$\boldsymbol{AX}=\boldsymbol{X}-6\boldsymbol{B}$，则 $\boldsymbol{X}=-6\boldsymbol{B}(\boldsymbol{A}-\boldsymbol{E})^{-1}$. （　）
15. 设 $\boldsymbol{A}$ 是 n 阶方阵，则 $2\boldsymbol{A}+\boldsymbol{A}^2=(2+\boldsymbol{A})\boldsymbol{A}$. （　）

二、填空题

1. 设 $\boldsymbol{A}=(1,1,1)$，$\boldsymbol{B}=(-1,-1,-1)$，则 $\boldsymbol{AB}^{\mathrm{T}}=$________，$\boldsymbol{A}^{\mathrm{T}}\boldsymbol{B}=$__________，$(\boldsymbol{AB}^{\mathrm{T}})^2=$________.

2. 设二阶方阵 $\boldsymbol{A}=\begin{pmatrix}a & b\\ c & d\end{pmatrix}$，则 $\boldsymbol{A}$ 可逆的充分必要条件是________，当 $\boldsymbol{A}$ 可逆时，$\boldsymbol{A}^{-1}=$________.

3. 已知 $\boldsymbol{A}=\begin{pmatrix}1 & & & \\ & 2 & & \\ & & 3 & \\ & & & 4\end{pmatrix}$，则 $\boldsymbol{A}^{-1}=$__________.

4. 设 $\boldsymbol{A}=\begin{pmatrix}5 & 2 & 0 & 0\\ 2 & 1 & 0 & 0\\ 0 & 0 & 8 & 3\\ 0 & 0 & 5 & 2\end{pmatrix}$，则 $\boldsymbol{A}^{-1}=$__________.

5. 设 $\boldsymbol{A}$ 为 5 阶方阵，$|\boldsymbol{A}|=3$，则 $|3\boldsymbol{A}|=$________，$|\boldsymbol{A}^{-1}|=$________，$|\boldsymbol{AA}^{\mathrm{T}}|=$________.

6. 设 $\boldsymbol{A}$ 为 n 阶方阵，$|\boldsymbol{A}|=2$，则 $||\boldsymbol{A}|\boldsymbol{A}^{\mathrm{T}}|=$________，$|\boldsymbol{A}^*|=$________.

7. 设 3 阶可逆矩阵 $\boldsymbol{A}$ 的逆矩阵为 $\boldsymbol{A}^{-1}=\begin{pmatrix}1 & 0 & 2\\ 0 & 2 & -2\\ 0 & 0 & 2\end{pmatrix}$，则 $|\boldsymbol{A}|=$________.

8. 设 3 阶方阵 $\boldsymbol{A}=\begin{pmatrix}2&0&0\\0&x&y\\0&2&3\end{pmatrix}$ 可逆，则 x,y 应满足条件________.

9. 设 n 阶方阵 $\boldsymbol{A},\boldsymbol{B},\boldsymbol{C}$ 满足 $\boldsymbol{AB}=\boldsymbol{BC}=\boldsymbol{CA}=\boldsymbol{E}$，则 $\boldsymbol{A}^2+\boldsymbol{B}^2+\boldsymbol{C}^2=$________.

10. 设矩阵 $\boldsymbol{A}=\begin{pmatrix}3&0&1\\0&4&0\\0&0&5\end{pmatrix}$，则 $(2\boldsymbol{E}-\boldsymbol{A})^{-1}(\boldsymbol{A}^2-4\boldsymbol{E})=$________.

11. $\boldsymbol{\alpha}=(1,1,2)$，$\boldsymbol{\beta}=\begin{pmatrix}-1\\2\\-1\end{pmatrix}$，则 $\boldsymbol{\alpha\beta}=$________，$\boldsymbol{\beta\alpha}=$________，$(\boldsymbol{\beta\alpha})^{2009}=$________.

12. 设二阶方阵 $\boldsymbol{A}=\begin{pmatrix}a&c\\b&d\end{pmatrix}$，$\boldsymbol{A}^*$ 是 $\boldsymbol{A}$ 的伴随矩阵，则 $\boldsymbol{A}^*=$________，如果 $\boldsymbol{A}$ 可逆，则 $\boldsymbol{A}^{-1}=$________.

13. 如果 $\boldsymbol{A}$ 为 n 阶可逆矩阵，则 $(\boldsymbol{A}^*)^{-1}=$________.

14. 若可逆矩阵 $\boldsymbol{A}$ 满足 $\boldsymbol{A}^2-\boldsymbol{A}-3\boldsymbol{E}=\boldsymbol{0}$，则 $\boldsymbol{A}^{-1}=$________.

15. 设 $\boldsymbol{A}=\begin{pmatrix}2&1&0&0\\1&1&0&0\\0&0&2&1\\0&0&5&3\end{pmatrix}$，则 $\boldsymbol{A}^{-1}=$________.

三、计算题

1. 已知 $\boldsymbol{A}=\begin{pmatrix}0&-3&2&0\\4&-2&-1&1\end{pmatrix}$，$\boldsymbol{B}=\begin{pmatrix}3&0&1&0\\-1&2&1&2\end{pmatrix}$，且 $\boldsymbol{X}+\boldsymbol{A}=2(\boldsymbol{B}-\boldsymbol{X})$，求 $\boldsymbol{X}$.

2. 已知 $\boldsymbol{A}=\begin{pmatrix}2 & 3 & 6\\ -1 & 3 & 5\end{pmatrix}$, $\boldsymbol{B}=\begin{pmatrix}3 & 2 & 4\\ 1 & -3 & 5\end{pmatrix}$，且 $3(\boldsymbol{X}-\boldsymbol{A})=-2(\boldsymbol{B}+\boldsymbol{X})$，求 $\boldsymbol{X}$.

3. 已知 $\boldsymbol{\alpha}=(1,2,1)^{\mathrm{T}}$，求 $\boldsymbol{\alpha}^{\mathrm{T}}\boldsymbol{\alpha}$，$\boldsymbol{\alpha}\boldsymbol{\alpha}^{\mathrm{T}}$，$\boldsymbol{\alpha}\boldsymbol{\alpha}^{\mathrm{T}}\boldsymbol{\alpha}$ 及 $(\boldsymbol{\alpha}\boldsymbol{\alpha}^{\mathrm{T}})^{101}$.

4. 已知 $\boldsymbol{A}=\begin{pmatrix}2 & 0 & -1\\ 1 & 3 & 2\end{pmatrix}$, $\boldsymbol{B}=\begin{pmatrix}1 & 7 & -1\\ 4 & 2 & 3\\ 2 & 0 & 1\end{pmatrix}$，求 $(\boldsymbol{A}\boldsymbol{B})^{\mathrm{T}}$.

5. 已知矩阵 $\boldsymbol{A}=\begin{pmatrix}4 & 1\\ -1 & 1\\ 2 & 6\end{pmatrix}$，$\boldsymbol{B}=\begin{pmatrix}1 & 0 & 3\\ 2 & 1 & 0\end{pmatrix}$，求 $\boldsymbol{AB}$ 与 $\boldsymbol{BA}$.

6. 设 $\boldsymbol{A}=\begin{pmatrix}1 & 1 & 1\\ 1 & 1 & -1\\ 1 & -1 & 1\end{pmatrix}$，$\boldsymbol{B}=\begin{pmatrix}1 & 2 & 3\\ -1 & -2 & 4\\ 0 & 5 & 1\end{pmatrix}$，求 $\boldsymbol{A}^{\mathrm{T}}\boldsymbol{B}$.

7. 设 $\boldsymbol{A}=\begin{pmatrix}0 & 2 & 4\\ 0 & 0 & 3\\ 0 & 0 & 0\end{pmatrix}$，求 $\boldsymbol{A}^{n}$.

8. 设矩阵 $\boldsymbol{A}=\begin{pmatrix}1&2&3\\4&5&6\\7&8&9\end{pmatrix}$，$\boldsymbol{B}=\begin{pmatrix}1&4&6\\2&-5&-8\\-3&1&2\end{pmatrix}$，求$|\boldsymbol{AB}|$.

9. 设矩阵 $\boldsymbol{A}=\begin{pmatrix}a&b\\c&d\end{pmatrix}$，求 $\boldsymbol{A}^2-(a+d)\boldsymbol{A}+(ad-bc)\boldsymbol{E}$.

10. 如果 $\boldsymbol{AB}=\boldsymbol{BA}$，那么称矩阵 $\boldsymbol{A}$ 与 $\boldsymbol{B}$ 可交换. 已知矩阵 $\boldsymbol{A}=\begin{pmatrix}0&1&0\\0&0&1\\0&0&0\end{pmatrix}$，求与 $\boldsymbol{A}$ 可交换的一切矩阵 $\boldsymbol{B}$.

11. 设 $\boldsymbol{A}=\begin{pmatrix}-8 & 2 & -2\\ 2 & x & -4\\ -2 & -4 & x\end{pmatrix}$，则当 x 为何值时 $\boldsymbol{A}$ 不可逆？当 x 为何值时 $\boldsymbol{A}$ 可逆？

12. 判断矩阵 $\boldsymbol{A}=\begin{pmatrix}3 & 0 & 0\\ 0 & 2 & 5\\ 0 & 3 & 7\end{pmatrix}$ 是否可逆，若可逆，用伴随矩阵的方法求其逆矩阵.

13. 设 $\boldsymbol{A}=\begin{pmatrix}2 & 0 & 0\\ 0 & 3 & 2\\ 0 & 0 & 3\end{pmatrix}$，求 $|2\boldsymbol{A}^{-1}+\boldsymbol{E}|$.

14. 已知矩阵 $\boldsymbol{A}=\begin{pmatrix}-3 & 2 & -2\\ 2 & x & 3\\ 3 & -1 & 1\end{pmatrix}$，$\boldsymbol{B}$ 为非零矩阵，且 $\boldsymbol{AB}=\boldsymbol{0}$，求 x 的值.

15. 设 $\boldsymbol{\alpha}=\begin{pmatrix}1\\ 0\\ -1\end{pmatrix}$，矩阵 $\boldsymbol{A}=3\boldsymbol{E}-\boldsymbol{\alpha}\boldsymbol{\alpha}^{\mathrm{T}}$，其中 $\boldsymbol{E}$ 为 3 阶单位矩阵.

(1) 求 $\boldsymbol{A}$；(2) 判定 $\boldsymbol{A}$ 是否可逆，在可逆时求 $\boldsymbol{A}^{-1}$.

16. 求解矩阵方程 $\begin{pmatrix}2 & 5\\ 1 & 3\end{pmatrix}\boldsymbol{X}=\begin{pmatrix}4 & -6\\ 2 & 1\end{pmatrix}$.

17. 设 $\boldsymbol{A}=\begin{pmatrix}2 & 1\\ -1 & 2\end{pmatrix}$,二阶矩阵 $\boldsymbol{B}$ 满足 $\boldsymbol{BA}=\boldsymbol{B}+2\boldsymbol{E}$,求 $\boldsymbol{B}$.

18. 设 $\boldsymbol{A}=\begin{pmatrix}3 & 0 & 0\\ 0 & 1 & -1\\ 0 & 1 & 4\end{pmatrix}$,$\boldsymbol{B}=\begin{pmatrix}3 & 6\\ 1 & 1\\ 2 & 3\end{pmatrix}$,$\boldsymbol{X}$ 满足 $\boldsymbol{AX}=2\boldsymbol{X}+\boldsymbol{B}$,求 $\boldsymbol{X}$.

19. 设矩阵 $\boldsymbol{A}=\begin{pmatrix}5 & 4\\ 0 & 3\end{pmatrix}$,$\boldsymbol{B}=\boldsymbol{A}^2-3\boldsymbol{A}+2\boldsymbol{E}$,求 $\boldsymbol{B}^{-1}$.

20. 设 $\boldsymbol{A}^{-1}\boldsymbol{B}\boldsymbol{A}=6\boldsymbol{A}+\boldsymbol{B}\boldsymbol{A}$,其中 $\boldsymbol{A}=\begin{pmatrix}\frac{1}{3} & 0 & 0\\ 0 & \frac{1}{4} & 0\\ 0 & 0 & \frac{1}{7}\end{pmatrix}$,求 $\boldsymbol{B}$.

21. 设 3 阶方阵 $\boldsymbol{A},\boldsymbol{B}$ 满足 $\boldsymbol{A}^2\boldsymbol{B}-\boldsymbol{A}-\boldsymbol{B}=\boldsymbol{E}$,其中 $\boldsymbol{E}$ 为 3 阶单位矩阵,若 $\boldsymbol{A}=\begin{pmatrix}1 & 0 & 1\\ 0 & 2 & 0\\ -2 & 0 & 1\end{pmatrix}$,求 $|\boldsymbol{B}|$.

22. 设 $\boldsymbol{A}=\begin{pmatrix}1 & 0 & 1\\ 0 & 2 & 0\\ 1 & 0 & 1\end{pmatrix}$,矩阵 $\boldsymbol{X}$ 满足 $\boldsymbol{A}\boldsymbol{X}+\boldsymbol{E}=\boldsymbol{A}^2+\boldsymbol{X}$,求矩阵 $\boldsymbol{X}$.

23. 设 $\boldsymbol{\alpha}=(1,2,3)$，$\boldsymbol{\beta}=\left(1,\frac{1}{2},\frac{1}{3}\right)$，$\boldsymbol{A}=\boldsymbol{\alpha}^{\mathrm{T}}\boldsymbol{\beta}$，求 $\boldsymbol{A}^n(n=2,3,\cdots)$.

24. 已知 $\boldsymbol{P}=\begin{pmatrix}2&0&0\\0&1&2\\0&0&1\end{pmatrix}$，$\boldsymbol{A}=\begin{pmatrix}1&0&0\\0&2&0\\0&0&2\end{pmatrix}$，求 $(\boldsymbol{P}^{-1}\boldsymbol{A}\boldsymbol{P})^{100}$.

25. 设矩阵 $\boldsymbol{A}=\begin{pmatrix}2&2\\3&-1\end{pmatrix}$，$f(x)=x^2-x-8$，试求 $f(\boldsymbol{A})$.

26. 设 $\boldsymbol{A}=\begin{pmatrix}1&&\\&2&\\&&3\end{pmatrix}$，$\boldsymbol{B}=\begin{pmatrix}2&0&0\\0&1&1\\0&0&1\end{pmatrix}$，$f(x)=x^3-2x+5$，求 $f(\boldsymbol{A})$ 及 $f(\boldsymbol{B})$.

27. 设 $\boldsymbol{P}=\begin{pmatrix}1&2\\1&4\end{pmatrix}$，$\boldsymbol{\Lambda}=\begin{pmatrix}1&0\\0&2\end{pmatrix}$，$\boldsymbol{AP}=\boldsymbol{P\Lambda}$，求 $\boldsymbol{A}^n$.

28. 设 $\boldsymbol{P}^{-1}\boldsymbol{AP}=\boldsymbol{\Lambda}$，其中 $\boldsymbol{P}=\begin{pmatrix}-1&-4\\1&1\end{pmatrix}$，$\boldsymbol{\Lambda}=\begin{pmatrix}-1&0\\0&2\end{pmatrix}$，求 $\boldsymbol{A}^{11}$.

29. 设 $\boldsymbol{A}$ 为 3 阶方阵，且 $|\boldsymbol{A}|=-2$，求：

(1) $||\boldsymbol{A}|\boldsymbol{A}|$；(2) $|\boldsymbol{A}^{-1}|$；(3) $|\boldsymbol{A}^*|$；(4) $|\boldsymbol{A}^{-1}+2\boldsymbol{A}^*|$.

30. 已知 $\boldsymbol{AP}=\boldsymbol{PB}$，其中 $\boldsymbol{B}=\begin{pmatrix}1&0&0\\0&0&1\\0&0&-1\end{pmatrix}$，$\boldsymbol{P}=\begin{pmatrix}1&0&0\\2&-1&0\\2&1&1\end{pmatrix}$，求 $\boldsymbol{A}$ 及 $\boldsymbol{A}^5$.

四、证明题

1. 设 $\boldsymbol{A}$ 是 n 阶方阵，证明 $\boldsymbol{A}+\boldsymbol{A}^{\mathrm{T}}$，$\boldsymbol{A}\boldsymbol{A}^{\mathrm{T}}$ 都是对称矩阵.

2. 设 $\boldsymbol{A},\boldsymbol{B}$ 为 n 阶矩阵，且 $\boldsymbol{A}$ 为对称矩阵，证明 $\boldsymbol{B}^{\mathrm{T}}\boldsymbol{A}\boldsymbol{B}$ 也是对称矩阵.

3. 设 $\boldsymbol{A},\boldsymbol{B}$ 都是 n 阶对称矩阵，证明 $\boldsymbol{A}\boldsymbol{B}$ 是对称矩阵的充分必要条件是 $\boldsymbol{A}\boldsymbol{B}=\boldsymbol{B}\boldsymbol{A}$.

4. 设列矩阵 $\boldsymbol{X}=(x_1,x_2,\cdots,x_n)^{\mathrm{T}}$ 满足 $\boldsymbol{X}^{\mathrm{T}}\boldsymbol{X}=1$，$\boldsymbol{E}$ 为 n 阶单位矩阵，$\boldsymbol{H}=\boldsymbol{E}-2\boldsymbol{X}\boldsymbol{X}^{\mathrm{T}}$，证明 $\boldsymbol{H}$ 是对称矩阵，且 $\boldsymbol{H}\boldsymbol{H}^{\mathrm{T}}=\boldsymbol{E}$.

5. 设 n 阶方阵 $\boldsymbol{A}$ 满足 $(\boldsymbol{A}+\boldsymbol{E})^3=\boldsymbol{0}$，证明 $\boldsymbol{A}$ 可逆，并求 $\boldsymbol{A}^{-1}$.

6. 设 n 阶方阵 $\boldsymbol{A}$ 与 $\boldsymbol{B}$ 满足 $\boldsymbol{A}+\boldsymbol{B}=\boldsymbol{AB}$，证明 $\boldsymbol{A}-\boldsymbol{E}$ 可逆，并求 $(\boldsymbol{A}-\boldsymbol{E})^{-1}$.

7. 设方阵 $\boldsymbol{A}$ 满足 $\boldsymbol{A}^2-\boldsymbol{A}-2\boldsymbol{E}=\boldsymbol{0}$，证明 $\boldsymbol{A}$ 及 $\boldsymbol{A}+2\boldsymbol{E}$ 都可逆，并求 $\boldsymbol{A}^{-1}$ 及 $(\boldsymbol{A}+2\boldsymbol{E})^{-1}$.

8. 设 $\boldsymbol{A},\boldsymbol{B}$ 均为 n 阶方阵，且 $\boldsymbol{A}=\frac{1}{2}(\boldsymbol{B}+\boldsymbol{E})$，证明 $\boldsymbol{A}^2=\boldsymbol{A}$，当且仅当 $\boldsymbol{B}^2=\boldsymbol{E}$.

9. 已知 $\boldsymbol{A}=\boldsymbol{E}-\frac{2}{\boldsymbol{\alpha}\boldsymbol{\alpha}^{\mathrm{T}}}\boldsymbol{\alpha}^{\mathrm{T}}\boldsymbol{\alpha}$，其中 $\boldsymbol{\alpha}$ 为非零的行向量，证明 $\boldsymbol{A}$ 为对称矩阵.

10. 设实矩阵 $\boldsymbol{A}=\begin{pmatrix} a_{11} & a_{12} & a_{13} \\ a_{21} & a_{22} & a_{23} \\ a_{31} & a_{32} & a_{33} \end{pmatrix}$，且 $\boldsymbol{A}^{\mathrm{T}}\boldsymbol{A}=\boldsymbol{0}$，证明 $\boldsymbol{A}=\boldsymbol{0}$.

第三章

矩阵的初等变换与线性方程组

内容概要

1. 初等变换与初等矩阵

(1) 初等变换：

① 对调两行(或列)；

② 以数 $k(k\neq 0)$乘矩阵某一行(或列)的所有元素；

③ 把矩阵的某行(或列)所有元素乘一个数加到另一行(或列)对应位置的元素上.

(2) 矩阵的等价标准形：

① 称具有如下特点的 $m\times n$ 矩阵 $\boldsymbol{A}$ 为行阶梯形矩阵：

(i) $\boldsymbol{A}$ 的前 $r(r\leqslant m)$行，每行元素均不全为 0，后 $m-r$ 行元素都为零；

(ii) 第 $k(1\leqslant k\leqslant r)$行的第一个非零元素为 a_{kj_k}，且满足 $j_1<j_2<\cdots<j_r$.

如果行阶梯形矩阵还满足：

(iii) 第 $k(1\leqslant k\leqslant r)$行的第一个非零元素 $a_{kj_k}=1$，且 $a_{kj_k}(k=1,2,\cdots,r)$所在的 j_k 列的其他元素都为 0，就称 $\boldsymbol{A}$ 为行最简形矩阵.

② 任何矩阵都可以经过初等行变换化为行阶梯形矩阵，进而可以化为行最简形矩阵.

③ 任何一个 $m\times n$ 矩阵 $\boldsymbol{A}$ 都可以通过初等变换化为 $\begin{pmatrix} \boldsymbol{E}_r & \boldsymbol{0}_{r\times(n-r)} \\ \boldsymbol{0}_{(m-r)\times r} & \boldsymbol{0}_{(m-r)\times(n-r)} \end{pmatrix}$ 型矩阵.

(3) 初等矩阵：

① 由单位矩阵 $\boldsymbol{E}$ 经过一次初等变换得到的矩阵称为初等矩阵.

② 设 $\boldsymbol{A}$ 为一个 $m\times n$ 矩阵，$\boldsymbol{A}$ 左乘一个 m 阶初等矩阵相当于对 $\boldsymbol{A}$ 做一次相应的初等行变换，$\boldsymbol{A}$ 右乘一个 n 阶初等矩阵相当于对 $\boldsymbol{A}$ 做一次相应的初等列变换.

③ $\boldsymbol{A}$ 与 $\boldsymbol{B}$ 等价当且仅当存在可逆矩阵 $\boldsymbol{P}$ 与可逆矩阵 $\boldsymbol{Q}$，使得 $\boldsymbol{A}=\boldsymbol{PBQ}$.

④ n 阶方阵 $\boldsymbol{A}$ 可逆当且仅当 $\boldsymbol{A}$ 可以写成一些初等矩阵的乘积.

⑤ n 阶方阵 $\boldsymbol{A}$ 可逆当且仅当 $\boldsymbol{A}$ 可以只用初等行变换化为单位矩阵.

2. 矩阵的秩

(1) 设 $\boldsymbol{A}$ 是一个 $m\times n$ 矩阵，如果 $\boldsymbol{A}$ 中存在 r 阶子式不为零，而所有 $r+1$ 阶子式(如果有的话)全为零，我们称 r 为矩阵 $\boldsymbol{A}$ 的秩，记为 $R(\boldsymbol{A})$ 或秩($\boldsymbol{A}$).

(2) 矩阵的秩具有如下性质：

① $R(\boldsymbol{A})=0$ 当且仅当 $\boldsymbol{A}=\boldsymbol{0}$；

② $R(\boldsymbol{A})=R(\boldsymbol{A}^{\mathrm{T}})$；

③ $R(k\boldsymbol{A})=R(\boldsymbol{A})$，其中 k 为非零数；

④ n 阶方阵 A 的秩 $R(\boldsymbol{A})=n$ 的充分必要条件 $|\boldsymbol{A}|\neq 0$；

⑤ n 阶方阵 $\boldsymbol{A}$ 可逆的充分必要条件为 $R(\boldsymbol{A})=n$.

(3) 行阶梯形矩阵 $\boldsymbol{A}$ 的非零行的行数等于 $\boldsymbol{A}$ 的秩.

(4) 初等变换不改变矩阵的秩.

(5) 设矩阵 $\boldsymbol{P},\boldsymbol{Q}$ 可逆，则 $R(\boldsymbol{PAQ})=R(\boldsymbol{A})$.

(6) 设 $\boldsymbol{A}$ 是秩为 r 的 $m\times n$ 矩阵，则存在 m 阶可逆矩阵 $\boldsymbol{P}$ 和 n 阶可逆矩阵 $\boldsymbol{Q}$，使得 $\boldsymbol{PAQ}=\begin{pmatrix}\boldsymbol{E}_r & \boldsymbol{0}\\ \boldsymbol{0} & \boldsymbol{0}\end{pmatrix}$.

3. 线性方程组的解

(1) 线性方程组 $\boldsymbol{Ax}=\boldsymbol{b}$($\boldsymbol{x}$ 是 n 维列向量)的系数矩阵为 $\boldsymbol{A}$，增广矩阵为 $\bar{\boldsymbol{A}}=(\boldsymbol{A}\quad \boldsymbol{b})$，则

① 线性方程组无解的充分必要条件为 $R(\boldsymbol{A})<R(\bar{\boldsymbol{A}})$；

② 线性方程组有唯一解的充分必要条件为 $R(\boldsymbol{A})=R(\bar{\boldsymbol{A}})=n$；

③ 线性方程组有无穷多解的充分必要条件为 $R(\boldsymbol{A})=R(\bar{\boldsymbol{A}})<n$.

(2) 齐次线性方程组 $\boldsymbol{Ax}=\boldsymbol{0}$($\boldsymbol{x}$ 是 n 维列向量)永远有零解.

① $\boldsymbol{Ax}=\boldsymbol{0}$ 只有零解的充分必要条件为 $R(\boldsymbol{A})=R(\bar{\boldsymbol{A}})=n$；

② $\boldsymbol{Ax}=\boldsymbol{0}$ 有非零解的充分必要条件为 $R(\boldsymbol{A})=R(\bar{\boldsymbol{A}})<n$.

(3) 矩阵方程 $\boldsymbol{AX}=\boldsymbol{B}$($\boldsymbol{X}$ 是 $n\times s$ 矩阵)的系数矩阵为 $\boldsymbol{A}$，增广矩阵为 $\bar{\boldsymbol{A}}=(\boldsymbol{A}\quad \boldsymbol{B})$，则关于方程 $\boldsymbol{AX}=\boldsymbol{B}$ 的解有与(1)相同的结论.

班级________ 姓名________ 学号________

一、判断题

1. 在矩阵 $\boldsymbol{A}_{m\times n}$ 中，若存在 r 阶子式 $D\neq 0$，则 $R(\boldsymbol{A})\geqslant r$.　（　）

2. 在矩阵 $\boldsymbol{A}_{m\times n}$ 中，若所有 s 阶子式 $D=0$，则 $R(\boldsymbol{A})<s$.　（　）

3. 设 $\boldsymbol{A}=(a_{ij})_{n\times n}$，若 $|\boldsymbol{A}|\neq 0$，则 $R(\boldsymbol{A})=n$.　（　）

4. 设 $\boldsymbol{A}=(a_{ij})_{n\times n}$，若 $|\boldsymbol{A}|=0$，则 $R(\boldsymbol{A})<n$.　（　）

5. 含有 m 个方程的 n 元非齐次线性方程组 $\boldsymbol{A}_{m\times n}\boldsymbol{X}_{n\times 1}=\boldsymbol{b}$，当 $m<n$ 时有无穷多解.　（　）

6. 若非齐次线性方程组 $\boldsymbol{A}_{m\times n}\boldsymbol{X}_{n\times 1}=\boldsymbol{b}$ 有无穷多解，则齐次线性方程组 $\boldsymbol{A}_{m\times n}\boldsymbol{X}_{n\times 1}=\boldsymbol{0}$ 有非零解.　（　）

7. 若齐次线性方程组 $\boldsymbol{A}_{m\times n}\boldsymbol{X}_{n\times 1}=\boldsymbol{0}$ 有非零解，则非齐次线性方程组 $\boldsymbol{A}_{m\times n}\boldsymbol{X}_{n\times 1}=\boldsymbol{b}$ 有无穷多解.　（　）

8. 若非齐次线性方程组 $\boldsymbol{A}_{m\times n}\boldsymbol{X}_{n\times 1}=\boldsymbol{b}$ 有唯一解，则齐次线性方程组 $\boldsymbol{A}_{m\times n}\boldsymbol{X}_{n\times 1}=\boldsymbol{0}$ 只有零解.　（　）

9. 若齐次线性方程组 $\boldsymbol{A}_{m\times n}\boldsymbol{X}_{n\times 1}=\boldsymbol{0}$ 只有零解，则非齐次线性方程组 $\boldsymbol{A}_{m\times n}\boldsymbol{X}_{n\times 1}=\boldsymbol{b}$ 有唯一解.　（　）

10. 含有 m 个方程的 n 元齐次线性方程组 $\boldsymbol{A}_{m\times n}\boldsymbol{X}_{n\times 1}=\boldsymbol{0}$，当 $m<n$ 时有非零解.（　）

11. 设 $\boldsymbol{A}$ 为 $m\times n$ 矩阵，则 $R(\boldsymbol{A})\leqslant n$.　（　）

12. 设 $\boldsymbol{A}$ 为 $m\times n$ 矩阵，$\boldsymbol{A}^{\mathrm{T}}$ 为其转置矩阵，则 $R(\boldsymbol{A})=R(\boldsymbol{A}^{\mathrm{T}})$.　（　）

13. 设 $\boldsymbol{A}$ 为 $m\times n$ 矩阵，则 $R(2\boldsymbol{A})=R(\boldsymbol{A})$.　（　）

14. 若可逆矩阵 $\boldsymbol{P},\boldsymbol{Q}$ 使得 $\boldsymbol{PAQ}=\boldsymbol{B}$，则 $R(\boldsymbol{A})=R(\boldsymbol{B})$.　（　）

15. 设 $\boldsymbol{A}$ 是 n 阶矩阵，$\boldsymbol{\alpha}$ 是 n 维列向量，若 $R\begin{pmatrix}\boldsymbol{A} & \boldsymbol{\alpha}\\ \boldsymbol{\alpha}^{\mathrm{T}} & \boldsymbol{0}\end{pmatrix}=R(\boldsymbol{A})$，则线性方程组 $\begin{pmatrix}\boldsymbol{A} & \boldsymbol{\alpha}\\ \boldsymbol{\alpha}^{\mathrm{T}} & \boldsymbol{0}\end{pmatrix}\begin{pmatrix}x\\ y\end{pmatrix}=\boldsymbol{0}$ 必有非零解.　（　）

二、填空题

1. n 元非齐次线性方程组 $\boldsymbol{A}_{m\times n}\boldsymbol{X}_{n\times 1}=\boldsymbol{b}$ 有唯一解的充分必要条件为________.

2. n 元非齐次线性方程组 $\boldsymbol{A}_{m\times n}\boldsymbol{X}_{n\times 1}=\boldsymbol{b}$ 有无穷多解的充分必要条件为________.

3. n 元非齐次线性方程组 $\boldsymbol{A}_{m\times n}\boldsymbol{X}_{n\times 1}=\boldsymbol{b}$ 无解的充分必要条件为________.

4. n 元非齐次线性方程组 $\boldsymbol{A}_{m\times n}\boldsymbol{X}_{n\times 1}=\boldsymbol{b}$ 有解的充分必要条件为________.

5. n 元齐次线性方程组 $\boldsymbol{A}_{m\times n}\boldsymbol{X}_{n\times 1}=\boldsymbol{0}$ 有非零解的充分必要条件为________.

6. n 元齐次线性方程组 $\boldsymbol{A}_{m\times n}\boldsymbol{X}_{n\times 1}=\boldsymbol{0}$ 只有零解的充分必要条件为________.

7. 设 $\boldsymbol{A}$ 为 3×4 矩阵，且 $\boldsymbol{A}$ 中有一个三阶子式不等于 0，则 $R(\boldsymbol{A})=$________.

8. 设 $\boldsymbol{A}$ 为 3×3 矩阵，且 $\boldsymbol{A}$ 的行列式等于 1，则 $R(\boldsymbol{A})=$________.

9. 设 $\boldsymbol{A}=\begin{pmatrix}1 & 2\\ 3 & 4\end{pmatrix}$，则 $\boldsymbol{A}$ 的行最简形矩阵为________.

10. 设 $\boldsymbol{A}$ 为 $m\times n$ 矩阵且 $R(\boldsymbol{A})=3$，则 $R(\boldsymbol{A}^{\mathrm{T}})=$________.

11. 设 $\boldsymbol{A}$ 为 $m\times n$ 矩阵且 $R(\boldsymbol{A})=3$，则 $R(3\boldsymbol{A})=$________.

12. 若可逆矩阵 $\boldsymbol{P}$ 使得 $\boldsymbol{PA}=\boldsymbol{B}$，且 $R(\boldsymbol{A})=4$，则 $R(\boldsymbol{B})=$________.

13. 若可逆矩阵 $\boldsymbol{P},\boldsymbol{Q}$ 使得 $\boldsymbol{PAQ}=\boldsymbol{B}$，且 $R(\boldsymbol{A})=5$，则 $R(\boldsymbol{B})=$________.

14. 设 $\boldsymbol{A}$ 为 n 阶矩阵，$\boldsymbol{E}$ 为 n 阶单位矩阵且 $\boldsymbol{A}\sim\boldsymbol{E}$，则 $R(\boldsymbol{A})=$________.

15. 设 $\boldsymbol{A}$ 为 n 阶可逆矩阵，则 $R(\boldsymbol{A})=$________.

三、计算题

1. 设 $\boldsymbol{A}=\begin{pmatrix}2 & 1 & 8 & 3 & 7\\ 2 & -3 & 0 & 7 & -5\\ 3 & -2 & 5 & 8 & 0\\ 1 & 0 & 3 & 2 & 0\end{pmatrix}$，求 $\boldsymbol{A}$ 的行最简形矩阵和秩.

2. 设 $\boldsymbol{A}=\begin{pmatrix}1 & -1 & 3 & -4 & 3\\ 3 & -3 & 5 & -4 & 1\\ 2 & -2 & 3 & -2 & 0\\ 3 & -3 & 4 & -2 & -1\end{pmatrix}$，求 $\boldsymbol{A}$ 的行最简形矩阵和秩.

3. 设 $\boldsymbol{A}=\begin{pmatrix} 2 & 0 & 1 \\ 1 & 1 & -1 \\ -1 & 0 & 1 \end{pmatrix}$,用矩阵的初等变换求 $\boldsymbol{X}$,使得 $\boldsymbol{AXA}=\boldsymbol{A}^2+2\boldsymbol{XA}$.

4. 用矩阵的初等变换解矩阵方程 $\boldsymbol{AX}=\boldsymbol{B}$,其中 $\boldsymbol{A}=\begin{pmatrix} 2 & -1 & -3 \\ 1 & 2 & -2 \\ -1 & 3 & 2 \end{pmatrix}$,$\boldsymbol{B}=\begin{pmatrix} 1 & -1 \\ 2 & 0 \\ -2 & 5 \end{pmatrix}$.

5. 设 $\boldsymbol{A}=\begin{pmatrix} 1 & -2 & 3k \\ -1 & 2k & -3 \\ k & -2 & 3 \end{pmatrix}$,问 k 取何值时,(1) $R(\boldsymbol{A})=1$;(2) $R(\boldsymbol{A})=2$;(3) $R(\boldsymbol{A})=3$.

6. 设 $\boldsymbol{A}=\begin{pmatrix} k & 1 & 1 \\ 1 & k & 1 \\ 1 & 1 & k \end{pmatrix}$,问 k 取何值时,(1) $R(\boldsymbol{A})=1$;(2) $R(\boldsymbol{A})=2$;(3) $R(\boldsymbol{A})=3$.

7. 设 $\boldsymbol{A}=\begin{pmatrix} 1 & -2 & 2 & -1 \\ 2 & -4 & 8 & 0 \\ -2 & 4 & -2 & 3 \\ 3 & -6 & 0 & -6 \end{pmatrix}$,$\boldsymbol{b}=\begin{pmatrix} 1 \\ 2 \\ 3 \\ 4 \end{pmatrix}$,求矩阵 $\boldsymbol{A}$ 及 $\boldsymbol{B}=(\boldsymbol{A}, \boldsymbol{b})$的秩.

8. 设 $\boldsymbol{A}=\begin{pmatrix} 1 & 2 & -1 & 1 \\ 3 & 2 & \lambda & -1 \\ 5 & 6 & 3 & \mu \end{pmatrix}$,已知 $R(\boldsymbol{A})=2$,求 λ 和 μ 的值.

9. 设 $\boldsymbol{A}=\begin{pmatrix} 1 & -2 & 1 & a \\ -2 & 1 & 1 & -2 \\ 1 & 1 & -2 & a^2 \end{pmatrix}$,讨论 a 取何值时(1) $R(\boldsymbol{A})=2$; (2) $R(\boldsymbol{A})=3$.

10. 设 $\boldsymbol{A}=\begin{pmatrix} 1 & 3 \\ -1 & 1 \\ 1 & 1 \\ -1 & 3 \end{pmatrix}$,$\boldsymbol{B}=\begin{pmatrix} 2 & 1 & 3 \\ 0 & 1 & -1 \\ 1 & 0 & 2 \\ 1 & 2 & 0 \end{pmatrix}$,分别求矩阵 $\boldsymbol{A}$,$\boldsymbol{B}$ 以及$(\boldsymbol{A},\boldsymbol{B})$的秩.

11. 设线性方程组

$$\begin{cases} (1+\lambda)x_1+x_2+x_3=0 \\ x_1+(1+\lambda)x_2+x_3=3, \\ x_1+x_2+(1+\lambda)x_3=\lambda \end{cases}$$

问 λ 取何值时,此方程组有唯一解、无解或有无穷多解?并在有无穷多解时求其通解.

12. 讨论 t 取何值时，齐次线性方程组

$$\begin{cases} x_1+x_2+x_3=0 \\ x_1+2x_2+3x_3=0 \\ x_1+3x_2+tx_3=0 \end{cases}$$

只有零解、有非零解？并在有非零解时求它的通解.

13. 讨论 a,b 取何值时，线性方程组

$$\begin{cases} x_1+x_2+x_3+x_4=0 \\ 3x_1+4x_2+5x_3+5x_4=1 \\ 2x_1+x_2+(a-1)x_3=b+1 \\ 3x_1+2x_2+x_3+ax_4=-1 \end{cases}$$

有唯一解、无解或有无穷多解？并在有无穷多解时求它的通解.

14. 讨论 λ 取何值时，齐次线性方程组

$$\begin{cases}(1-\lambda)x_1-2x_2+4x_3=0\\2x_1+(3-\lambda)x_2+x_3=0\\x_1+x_2+(1-\lambda)x_3=0\end{cases}$$

有非零解，并求出非零解.

15. 解方程组 $\begin{cases}x_1+2x_2+2x_3+x_4=0\\2x_1+x_2-2x_3-2x_4=0\\x_1-x_2-4x_3-3x_4=0\end{cases}$.

16. 解方程组 $\begin{cases}x_1+x_2-3x_3-x_4=1\\3x_1-x_2-3x_3+4x_4=4\\x_1+5x_2-9x_3-8x_4=0\end{cases}$.

17. 解 n 元一次线性方程组$\begin{cases} x_1+2x_2+3x_3+\cdots+nx_n=n+1 \\ 2x_1+3x_2+4x_3+\cdots+(n+1)x_n=n+2 \end{cases}$.

18. 设 $\boldsymbol{A}=\begin{pmatrix} 2 & -1 & -1 & 1 & 2 \\ 1 & 1 & -2 & 1 & 1 \\ 2 & -3 & 1 & -1 & 2 \\ 0 & -3 & 3 & -4 & 0 \end{pmatrix}$,求 $\boldsymbol{A}$ 的行最简形矩阵和秩.

19. 利用矩阵的初等变换求解矩阵方程 $\boldsymbol{AX}=\boldsymbol{B}$,其中 $\boldsymbol{A}=\begin{pmatrix} 1 & 1 & 2 \\ 1 & 1 & 1 \\ 1 & -1 & 2 \end{pmatrix}$,$\boldsymbol{B}=\begin{pmatrix} 1 & 2 \\ 0 & -1 \\ 1 & 0 \end{pmatrix}$.

20. 设 $\mathbf{A}=\begin{pmatrix}2 & 1 & 2\\ 1 & t & t\\ t & 0 & 1\end{pmatrix}$,问 t 取何值时(1) $R(\mathbf{A})=2$;(2) $R(\mathbf{A})=3$.

21. 讨论 a,b 取何值时,线性方程组

$$\begin{cases} x_1+x_2+x_3+x_4=0 \\ x_2+2x_3+2x_4=1 \\ -x_2+(a-3)x_3-2x_4=b \\ 3x_1+2x_2+x_3+ax_4=-1 \end{cases}$$

有唯一解、无解或有无穷多解?并在有无穷多解时求它的通解.

22. 解方程组 $\begin{cases} x_1 - x_2 + 5x_3 - x_4 = 0 \\ x_1 + x_2 - 2x_3 + 3x_4 = 0 \\ 3x_1 - x_2 + 8x_3 + x_4 = 0 \\ x_1 + 3x_2 - 9x_3 + 7x_4 = 0 \end{cases}$.

23. 分别用克拉默法则和逆矩阵方法求解方程组 $\begin{cases} x_1 - x_2 - x_3 = 2 \\ 2x_1 - x_2 - 3x_3 = 1 \\ 3x_1 + 2x_2 - 5x_3 = 0 \end{cases}$.

四、证明题

1. 设 $\boldsymbol{A}$ 为 n 阶方阵，证明 $R(\boldsymbol{A}+\boldsymbol{E})+R(\boldsymbol{A}-\boldsymbol{E})\geqslant n$.

2. 设 $\boldsymbol{A}$ 为 n 阶方阵，且 $\boldsymbol{A}^2=\boldsymbol{E}$，证明 $R(\boldsymbol{A}+\boldsymbol{E})+R(\boldsymbol{A}-\boldsymbol{E})=n$.

3. 设 $\boldsymbol{A}$ 为 n 阶方阵，$\boldsymbol{A}^2=\boldsymbol{A}$，$\boldsymbol{E}$ 为 n 阶单位矩阵，证明 $R(\boldsymbol{A})+R(\boldsymbol{A}-\boldsymbol{E})=n$.

4. 设 $k_1,k_2,\cdots,k_n,b_1,b_2,\cdots,b_n$ 为任意 $2n$ 个实数，证明方程组

$$\begin{cases} x_1+x_2+\cdots+x_n=b_1 \\ k_1x_1+k_2x_2+\cdots+k_nx_n=b_2 \\ \cdots\cdots\cdots\cdots \\ k_1^{n-1}x_1+k_2^{n-1}x_2+\cdots+k_n^{n-1}x_n=b_n \end{cases}$$

有唯一解的充分必要条件是 $k_1,k_2,\cdots,k_n$ 互不相等.

5. 设 $k_1, k_2, \cdots, k_n$ 为任意 n 个实数，证明齐次线性方程组

$$\begin{cases} x_1 + x_2 + \cdots + x_n = 0 \\ k_1 x_1 + k_2 x_2 + \cdots + k_n x_n = 0 \\ \cdots\cdots\cdots\cdots \\ k_1^{n-1} x_1 + k_2^{n-1} x_2 + \cdots + k_n^{n-1} x_n = 0 \end{cases}$$

只有零解的充分必要条件是 $k_1, k_2, \cdots, k_n$ 互不相等.

6. 设 $k_1, k_2, \cdots, k_n$ 为任意 n 个实数，证明齐次线性方程组

$$\begin{cases} x_1 + x_2 + \cdots + x_n = 0 \\ k_1 x_1 + k_2 x_2 + \cdots + k_n x_n = 0 \\ \cdots\cdots\cdots\cdots \\ k_1^{n-1} x_1 + k_2^{n-1} x_2 + \cdots + k_n^{n-1} x_n = 0 \end{cases}$$

有非零解的充分必要条件是 $k_1, k_2, \cdots, k_n$ 中至少有两个数相等.

7. 设 t 为任意实数，给定齐次线性方程组

$$\begin{cases} x_1+tx_2=0 \\ x_2+tx_3=0, \\ x_3+tx_1=0 \end{cases}$$

证明：(1) 当 $t\neq-1$ 时只有零解；(2) 当 $t=-1$ 时有非零解.

8. 设 t 为任意实数，给定齐次线性方程组

$$\begin{cases} x_1+tx_2=0 \\ x_2+tx_3=0 \\ x_3+tx_4=0 \\ x_4+tx_1=0 \end{cases},$$

证明：(1) 当 $t\neq1$ 且 $t\neq-1$ 时只有零解；(2) 当 $t=1$ 或 $t=-1$ 时有非零解.

9. 设 b_1, b_2, b_3, t 为任意 4 个实数，证明方程组

$$\begin{cases} x_1 + tx_2 = b_1 \\ x_2 + tx_3 = b_2 \\ x_3 + tx_1 = b_3 \end{cases}$$

有唯一解的充分必要条件是 $t \neq -1$.

10. 设 b_1, b_2, b_3, b_4, t 为任意 5 个实数，证明方程组

$$\begin{cases} x_1 + tx_2 = b_1 \\ x_2 + tx_3 = b_2 \\ x_3 + tx_4 = b_3 \\ x_4 + tx_1 = b_4 \end{cases}$$

有唯一解的充分必要条件是 $t \neq 1$ 且 $t \neq -1$.

第四章

向量组的线性相关性

内容概要

1. 向量组及其线性关系

(1) $\boldsymbol{\alpha}_1,\boldsymbol{\alpha}_2,\cdots,\boldsymbol{\alpha}_s,\boldsymbol{\beta}$ 是一组 n 维向量，如果存在数 $k_1,k_2,\cdots,k_s$ 使得 $\boldsymbol{\beta}=k_1\boldsymbol{\alpha}_1+k_2\boldsymbol{\alpha}_2\cdots+k_s\boldsymbol{\alpha}_s$，则称 $\boldsymbol{\beta}$ 可由 $\boldsymbol{\alpha}_1,\boldsymbol{\alpha}_2,\cdots,\boldsymbol{\alpha}_s$ 线性表示；设 $\boldsymbol{\alpha}_1,\boldsymbol{\alpha}_2,\cdots,\boldsymbol{\alpha}_r$ 与 $\boldsymbol{\beta}_1,\boldsymbol{\beta}_2,\cdots,\boldsymbol{\beta}_s$ 是两组 m 维向量，如果两个向量组能够相互线性表示，则称这两个向量组等价.

(2) 设 $\boldsymbol{\alpha}_1,\boldsymbol{\alpha}_2,\cdots,\boldsymbol{\alpha}_s$ 为一组 n 维向量，如果齐次线性方程组 $x_1\boldsymbol{\alpha}_1+x_2\boldsymbol{\alpha}_2+\cdots+x_s\boldsymbol{\alpha}_s=\mathbf{0}$ 有非零解，则称向量组 $\boldsymbol{\alpha}_1,\boldsymbol{\alpha}_2,\cdots,\boldsymbol{\alpha}_s$ 线性相关；如果 $x_1\boldsymbol{\alpha}_1+x_2\boldsymbol{\alpha}_2+\cdots+x_s\boldsymbol{\alpha}_s=\mathbf{0}$ 只有零解，则称向量组 $\boldsymbol{\alpha}_1,\boldsymbol{\alpha}_2,\cdots,\boldsymbol{\alpha}_s$ 线性无关.

(3) 线性相关、线性无关的等价定义：设 $\boldsymbol{\alpha}_1,\boldsymbol{\alpha}_2,\cdots,\boldsymbol{\alpha}_s(s\geqslant 2)$ 是一组 n 维向量，如果其中至少存在一个向量可以由其余的向量线性表示，则称 $\boldsymbol{\alpha}_1,\boldsymbol{\alpha}_2,\cdots,\boldsymbol{\alpha}_s$ 线性相关；如果任何一个向量都不能由其余向量线性表示，则称 $\boldsymbol{\alpha}_1,\boldsymbol{\alpha}_2,\cdots,\boldsymbol{\alpha}_s$ 线性无关. 单独一个零向量称为线性相关的；单独一个非零向量称为线性无关的.

(4) 如果向量组 $\boldsymbol{\alpha}_1,\boldsymbol{\alpha}_2,\cdots,\boldsymbol{\alpha}_t$ 线性相关，则扩充组 $\boldsymbol{\alpha}_1,\boldsymbol{\alpha}_2,\cdots,\boldsymbol{\alpha}_t,\boldsymbol{\alpha}_{t+1},\cdots,\boldsymbol{\alpha}_s$ 线性相关；如果向量组 $\boldsymbol{\alpha}_1,\boldsymbol{\alpha}_2,\cdots,\boldsymbol{\alpha}_t,\boldsymbol{\alpha}_{t+1},\cdots,\boldsymbol{\alpha}_s$ 线性无关，则部分组 $\boldsymbol{\alpha}_1,\boldsymbol{\alpha}_2,\cdots,\boldsymbol{\alpha}_t$ 也线性无关.

(5) 如果 $\boldsymbol{\alpha}_1,\boldsymbol{\alpha}_2,\cdots,\boldsymbol{\alpha}_s$ 线性无关，则 $\boldsymbol{\alpha}_1,\boldsymbol{\alpha}_2,\cdots,\boldsymbol{\alpha}_s,\boldsymbol{\beta}$ 线性相关的充分必要条件是 $\boldsymbol{\beta}$ 可由 $\boldsymbol{\alpha}_1,\boldsymbol{\alpha}_2,\cdots,\boldsymbol{\alpha}_s$ 线性表示. 并且表示方法唯一.

(6) 向量组 $\boldsymbol{\alpha}_1,\boldsymbol{\alpha}_2,\cdots,\boldsymbol{\alpha}_r$ 可由 $\boldsymbol{\beta}_1,\boldsymbol{\beta}_2,\cdots,\boldsymbol{\beta}_s$ 线性表示. ① 如果 $r>s$，则向量组 $\boldsymbol{\alpha}_1,\boldsymbol{\alpha}_2,\cdots,\boldsymbol{\alpha}_r$ 必线性相关；② 如果向量组 $\boldsymbol{\alpha}_1,\boldsymbol{\alpha}_2,\cdots,\boldsymbol{\alpha}_r$ 线性无关，则 $r\leqslant s$.

2. 向量组的秩与最大线性无关组

(1) 向量组 T 的一个部分组 $\boldsymbol{\alpha}_1,\boldsymbol{\alpha}_2,\cdots,\boldsymbol{\alpha}_r$ 是线性无关的，并且 T 中任意 $r+1$ 个向量（如果有）都线性相关（或向量组 T 中任一向量都可由 $\boldsymbol{\alpha}_1,\boldsymbol{\alpha}_2,\cdots,\boldsymbol{\alpha}_r$ 线性表示），称 $\boldsymbol{\alpha}_1,\boldsymbol{\alpha}_2,\cdots,\boldsymbol{\alpha}_r$ 为 T 的一个最大线性无关组；向量组的最大线性无关组所含向量的个数 r 为向量组的秩.

(2) 矩阵 $\boldsymbol{A}$ 的行向量组的秩等于列向量组的秩，都等于矩阵 $\boldsymbol{A}$ 的秩.

(3) 向量组的最大线性无关组和秩具有以下性质：

① 向量组的任意一个最大线性无关组都与向量组本身等价；

② 向量组的两个最大线性无关组等价，等价向量组的最大线性无关组等价(等价的传递性)；

③ 向量组 $\boldsymbol{\alpha}$ 可由向量组 $\boldsymbol{\beta}$ 线性表示，则向量组 $\boldsymbol{\alpha}$ 的秩不超过 $\boldsymbol{\beta}$ 的秩；等价的向量组秩相同.

3. 线性方程组解的结构

(1) 向量 ξ 使得 $\boldsymbol{A}\xi=\boldsymbol{\beta}$ 或 $\boldsymbol{A}\xi=\boldsymbol{0}$ 成立，称 ξ 是 $\boldsymbol{AX}=\boldsymbol{\beta}$ 或 $\boldsymbol{AX}=0$ 的一个解.

(2) 齐次线性方程组 $\boldsymbol{AX}=\boldsymbol{0}$ 的解 $\boldsymbol{\eta}_1,\boldsymbol{\eta}_2,\cdots,\boldsymbol{\eta}_t$ 的线性组合 $k_1\boldsymbol{\eta}_1+k_2\boldsymbol{\eta}_2+\cdots+k_t\boldsymbol{\eta}_t$ 仍是 $\boldsymbol{AX}=\boldsymbol{0}$ 的解.

(3) $\boldsymbol{\eta}_1,\boldsymbol{\eta}_2,\cdots,\boldsymbol{\eta}_t$ 满足：① $\boldsymbol{\eta}_1,\boldsymbol{\eta}_2,\cdots,\eta_t$ 是 $\boldsymbol{AX}=\boldsymbol{0}$ 的解；② $\boldsymbol{\eta}_1,\boldsymbol{\eta}_2,\cdots,\boldsymbol{\eta}_t$ 线性无关；③ $\boldsymbol{\eta}_1,\boldsymbol{\eta}_2,\cdots,\boldsymbol{\eta}_t$ 可以线性表示 $\boldsymbol{AX}=\boldsymbol{0}$ 的任一个解. $\boldsymbol{\eta}_1,\boldsymbol{\eta}_2,\cdots,\boldsymbol{\eta}_t$ 称为 $\boldsymbol{AX}=\boldsymbol{0}$ 的一个基础解系；基础解系所含解的个数等于 $n-r$，这里 n 是未知量的个数，$r=R(\boldsymbol{A})$ 是系数矩阵的秩.

(4) 非齐次线性方程组 $\boldsymbol{AX}=\boldsymbol{\beta}$ 对应的齐次线性方程组 $\boldsymbol{AX}=\boldsymbol{0}$，称为 $\boldsymbol{AX}=\boldsymbol{\beta}$ 的导出组.

(5) 非齐次线性方程组 $\boldsymbol{AX}=\boldsymbol{\beta}$ 的两个解的差是它的导出组 $\boldsymbol{AX}=\boldsymbol{0}$ 的解.

(6) $\boldsymbol{\gamma}_0$ 是非齐次线性方程组 $\boldsymbol{AX}=\boldsymbol{\beta}$ 的一个特解，那么 $\boldsymbol{AX}=\boldsymbol{\beta}$ 的任一个解 $\boldsymbol{\gamma}$ 都可以表成 $\boldsymbol{\gamma}=\boldsymbol{\gamma}_0+\boldsymbol{\eta}$，其中 $\boldsymbol{\eta}$ 是 $\boldsymbol{AX}=\boldsymbol{\beta}$ 的导出组 $\boldsymbol{AX}=\boldsymbol{0}$ 的一个解.

(7) 设 $\boldsymbol{\eta}_1,\boldsymbol{\eta}_2,\cdots,\boldsymbol{\eta}_{n-r}$ 是 $\boldsymbol{AX}=\boldsymbol{\beta}$ 的导出组 $\boldsymbol{AX}=\boldsymbol{0}$ 的一个基础解系，如果 $\boldsymbol{\gamma}_0$ 是 $\boldsymbol{AX}=\boldsymbol{\beta}$ 的一个特解，则

① $\boldsymbol{AX}=\boldsymbol{0}$ 的通解为 $\boldsymbol{\eta}=k_1\boldsymbol{\eta}_1+k_2\boldsymbol{\eta}_2+\cdots+k_{n-r}\boldsymbol{\eta}_{n-r}$($k_1,\cdots,k_{n-r}$ 为任意数)；

② $\boldsymbol{AX}=\boldsymbol{\beta}$ 的通解为 $\boldsymbol{\gamma}=\boldsymbol{\gamma}_0+k_1\boldsymbol{\eta}_1+k_2\eta_2+\cdots+k_{n-r}\boldsymbol{\eta}_{n-r}$($k_1,\cdots,k_{n-r}$ 为任意数).

4. 向量空间

(1) U 是 n 维向量构成的非空集合，U 对向量的加法和数乘法封闭，称 U 为一个向量空间.

(2) 如果向量空间 U 中存在 r 个线性无关的向量 $\boldsymbol{\alpha}_1,\boldsymbol{\alpha}_2,\cdots,\boldsymbol{\alpha}_r$，且 U 中任何向量可由 $\boldsymbol{\alpha}_1,\boldsymbol{\alpha}_2,\cdots,\boldsymbol{\alpha}_r$ 线性表示，则称 $\boldsymbol{\alpha}_1,\boldsymbol{\alpha}_2,\cdots,\boldsymbol{\alpha}_r$ 为 $\boldsymbol{U}$ 的一组基，r 为 $\boldsymbol{U}$ 的维数.

(3) $L=\{\boldsymbol{\alpha}=k_1\boldsymbol{\alpha}_1+k_2\boldsymbol{\alpha}_2\cdots+k_m\boldsymbol{\alpha}_m\mid k_1,k_2,\cdots,k_m\in\mathbf{R}\}$ 称为由向量 $\boldsymbol{\alpha}_1,\boldsymbol{\alpha}_2,\cdots,\boldsymbol{\alpha}_m$ 生成的向量空间.

(4) $\boldsymbol{\alpha}_1,\boldsymbol{\alpha}_2,\cdots,\boldsymbol{\alpha}_r$ 与 $\boldsymbol{\beta}_1,\boldsymbol{\beta}_2,\cdots,\boldsymbol{\beta}_r$ 是 $\boldsymbol{U}$ 的两组基，且 $(\boldsymbol{\beta}_1,\boldsymbol{\beta}_2,\cdots,\boldsymbol{\beta}_r)=(\boldsymbol{\alpha}_1,\boldsymbol{\alpha}_2,\cdots,\boldsymbol{\alpha}_r)\boldsymbol{P}$，称方阵 $\boldsymbol{P}$ 为由 $\boldsymbol{\alpha}_1,\boldsymbol{\alpha}_2,\cdots,\boldsymbol{\alpha}_r$ 到 $\boldsymbol{\beta}_1,\boldsymbol{\beta}_2,\cdots,\boldsymbol{\beta}_r$ 的过渡矩阵.

班级________ 姓名________ 学号________

一、判断题

1. 向量 $\boldsymbol{\beta}=(1,2,0)^{\mathrm{T}}$ 可由向量组 $\boldsymbol{\alpha}_1=(0,1,1)^{\mathrm{T}},\boldsymbol{\alpha}_2=(1,0,2)^{\mathrm{T}}$ 线性表示.（ ）

2. 向量组 $\boldsymbol{\alpha}_1=(2,1)^{\mathrm{T}},\boldsymbol{\alpha}_2=(-1,4)^{\mathrm{T}},\boldsymbol{\alpha}_3=(2,-3)^{\mathrm{T}}$ 线性相关.（ ）

3. 向量组的最大线性无关组是唯一的.（ ）

4. 任何向量组都与其最大线性无关组等价.（ ）

5. 向量 $\boldsymbol{\beta}=(4,4,1,2)^{\mathrm{T}}$ 不能由向量组 $\boldsymbol{\alpha}_1=(2,-1,0,5)^{\mathrm{T}},\boldsymbol{\alpha}_2=(-4,-2,3,0)^{\mathrm{T}},\boldsymbol{\alpha}_3=(-1,0,1,0)^{\mathrm{T}},\boldsymbol{\alpha}_4=(0,-1,2,5)^{\mathrm{T}}$ 线性表示.（ ）

6. 向量组 $\boldsymbol{\alpha}_1=(2,-1,7,3)^{\mathrm{T}},\boldsymbol{\alpha}_2=(1,4,11,-2)^{\mathrm{T}},\boldsymbol{\alpha}_3=(3,-6,3,8)^{\mathrm{T}}$ 线性相关.（ ）

7. 有相同秩的向量组一定等价.（ ）

8. 等价的向量组一定有相同的秩.（ ）

9. 两个向量组有相同的秩，且其中之一可由另一组线性表示，则这两个向量组等价.（ ）

10. 设 $\boldsymbol{\eta}^*$ 是非齐次线性方程组 $\boldsymbol{AX}=\boldsymbol{b}$ 的一个解，$\boldsymbol{\xi}_1,\boldsymbol{\xi}_2,\cdots,\boldsymbol{\xi}_{n-r}$ 是对应的齐次线性方程组的一个基础解系，则 $\boldsymbol{\eta}^*,\boldsymbol{\xi}_1,\boldsymbol{\xi}_2,\cdots,\boldsymbol{\xi}_{n-r}$ 线性无关.（ ）

11. 与向量组等价的部分组是其最大线性无关组.（ ）

12. 线性相关的向量组的部分组仍是线性相关的.（ ）

13. 线性无关的向量组的部分组有可能是线性相关的.（ ）

14. 有非零解的齐次线性方程组的基础解系是解向量组的最大线性无关组.（ ）

15. 齐次线性方程组一定有基础解系.（ ）

二、填空题

1. 若 $\boldsymbol{\eta}_1=\begin{pmatrix}1\\2\\3\end{pmatrix},\boldsymbol{\eta}_2=\begin{pmatrix}3\\-1\\2\end{pmatrix},\boldsymbol{\eta}_3=\begin{pmatrix}2\\3\\k\end{pmatrix}$ 线性相关，则 $k=$________.

2. 设线性无关的向量组 $\boldsymbol{\alpha}_1,\boldsymbol{\alpha}_2,\cdots,\boldsymbol{\alpha}_r$ 可由向量组 $\boldsymbol{\beta}_1,\boldsymbol{\beta}_2,\cdots,\boldsymbol{\beta}_s$ 线性表示，则 r 与 s 的关系为________.

3. 若 $\boldsymbol{\eta}_1=\begin{pmatrix}1\\2\\3\end{pmatrix},\boldsymbol{\eta}_2=\begin{pmatrix}3\\0\\2\end{pmatrix},\boldsymbol{\eta}_3=\begin{pmatrix}2\\1\\k\end{pmatrix}$ 线性无关，则 k ________.

4. n 元齐次线性方程组 $\boldsymbol{Ax}=\boldsymbol{0}$ 仅有零解的充分必要条件是 $\boldsymbol{A}$ 的列向量组线性________.

5. n 元齐次线性方程组 $\boldsymbol{Ax}=\boldsymbol{0}$ 有非零解的充分必要条件是 $\boldsymbol{A}$ 的列向量组线性________.

6. 由向量组 $\boldsymbol{\eta}_1=\begin{pmatrix}1\\1\\1\end{pmatrix},\boldsymbol{\eta}_2=\begin{pmatrix}0\\1\\1\end{pmatrix},\boldsymbol{\eta}_3=\begin{pmatrix}0\\0\\1\end{pmatrix}$ 生成的向量空间的维数是________.

7. 若向量组 $\boldsymbol{\alpha}_1,\boldsymbol{\alpha}_2,\boldsymbol{\alpha}_3,\boldsymbol{\alpha}_4$ 与向量组 $\boldsymbol{\beta}_1,\boldsymbol{\beta}_2,\boldsymbol{\beta}_3$ 等价，则 $\boldsymbol{\alpha}_1,\boldsymbol{\alpha}_2,\boldsymbol{\alpha}_3,\boldsymbol{\alpha}_4$ 线性________.

8. n 元齐次线性方程组 $\boldsymbol{Ax}=\boldsymbol{0}$ 与 $\boldsymbol{Bx}=\boldsymbol{0}$ 同解是 $R(\boldsymbol{A})=R(\boldsymbol{B})$ 的________条件.

9. 设 $\boldsymbol{\eta}_1,\boldsymbol{\eta}_2,\cdots,\boldsymbol{\eta}_t$ 是非齐次线性方程组 $\boldsymbol{AX}=\boldsymbol{b}(\boldsymbol{b}\neq\boldsymbol{0})$ 的解，则 $u_1\boldsymbol{\eta}_1+u_2\boldsymbol{\eta}_2+\cdots+u_t\boldsymbol{\eta}_t$ 是 $\boldsymbol{AX}=\boldsymbol{b}$ 的解的充分必要条件是 $u_1+u_2+\cdots+u_t=$________.

10. 设向量组 B：$\boldsymbol{b}_1,\boldsymbol{b}_2,\cdots,\boldsymbol{b}_r$ 能由向量组 A：$\boldsymbol{a}_1,\boldsymbol{a}_2,\cdots,\boldsymbol{a}_s$ 线性表示为 $(\boldsymbol{b}_1,\boldsymbol{b}_2,\cdots,\boldsymbol{b}_r)=(\boldsymbol{a}_1,\boldsymbol{a}_2,\cdots,\boldsymbol{a}_s)\boldsymbol{K}_{s\times r}$. 若向量组 B 线性无关，则 $\boldsymbol{K}$ 的秩为________.

11. 设 $\boldsymbol{A}$ 是 6 阶方阵，如果齐次线性方程组 $\boldsymbol{AX}=\boldsymbol{0}$ 的基础解系中含有 4 个向量，则 $\boldsymbol{AX}=\boldsymbol{0}$ 的自由未知量的个数是________，$\boldsymbol{A}$ 的秩是________.

12. 若向量组 $\boldsymbol{\alpha}_1,\boldsymbol{\alpha}_2,\boldsymbol{\alpha}_3$ 与向量组 $\boldsymbol{\beta}_1,\boldsymbol{\beta}_2,\boldsymbol{\beta}_3$ 等价，且 $\boldsymbol{\beta}_1,\boldsymbol{\beta}_2,\boldsymbol{\beta}_3$ 线性无关，则 $\boldsymbol{\alpha}_1,\boldsymbol{\alpha}_2,\boldsymbol{\alpha}_3$ 线性________.

13. 设 $\boldsymbol{\eta}_1,\boldsymbol{\eta}_2,\cdots,\boldsymbol{\eta}_n$ 是 $n-1(n>2)$ 维向量组，则 $\boldsymbol{\eta}_1,\boldsymbol{\eta}_2,\cdots,\boldsymbol{\eta}_n$ 一定线性________.

14. 设向量组 $\boldsymbol{\alpha}_1,\boldsymbol{\alpha}_2,\boldsymbol{\alpha}_3$ 满足 $\boldsymbol{\alpha}_1+2\boldsymbol{\alpha}_2-\boldsymbol{\alpha}_3=\boldsymbol{0}$，则齐次线性方程组 $(\boldsymbol{\alpha}_1,\boldsymbol{\alpha}_2,\boldsymbol{\alpha})\boldsymbol{x}=\boldsymbol{0}$ 非零解的个数为________.

15. 设向量组 $\boldsymbol{\alpha}_1=(a,0,c)^{\mathrm{T}},\boldsymbol{\alpha}_2=(b,c,0)^{\mathrm{T}},\boldsymbol{\alpha}_3=(0,a,b)^{\mathrm{T}}$ 线性相关，则 a,b,c 必满足________.

三、计算题

1. 设 $\boldsymbol{\alpha}=(3,-2,-1,1)^{\mathrm{T}},\boldsymbol{\beta}=(-3,1,-2,1)^{\mathrm{T}}$. 求向量 $\boldsymbol{\gamma}=(c_1,c_2,c_3,c_4)^{\mathrm{T}}$，使 $2\boldsymbol{\alpha}+3\boldsymbol{\gamma}=\boldsymbol{\beta}$.

2. 设 $\boldsymbol{a}_1,\boldsymbol{a}_2$ 线性无关，$\boldsymbol{a}_1+\boldsymbol{b},\boldsymbol{a}_2+\boldsymbol{b}$ 线性相关，求向量 $\boldsymbol{b}$ 用 $\boldsymbol{a}_1,\boldsymbol{a}_2$ 线性表示的表达式.

3. 设向量 $\boldsymbol{\alpha}=(1,2,3,4)^{\mathrm{T}}$，$\boldsymbol{\beta}=(-1,0,3,5)^{\mathrm{T}}$，求 $3\boldsymbol{\alpha}-2\boldsymbol{\beta}$.

4. 设向量 $\boldsymbol{\alpha}+\boldsymbol{\beta}=(2,2,4)^{\mathrm{T}}$，$3\boldsymbol{\alpha}-2\boldsymbol{\beta}=(1,0,-1)^{\mathrm{T}}$，求向量 $\boldsymbol{\alpha}$，$\boldsymbol{\beta}$.

5. 设 $\boldsymbol{\beta}=(7,-2,a)^{\mathrm{T}}$，$\boldsymbol{\alpha}_1=(2,3,5)^{\mathrm{T}}$，$\boldsymbol{\alpha}_2=(3,7,8)^{\mathrm{T}}$，$\boldsymbol{\alpha}_3=(1,-6,1)^{\mathrm{T}}$，问 a 取何值时 $\boldsymbol{\beta}$ 可由 $\boldsymbol{\alpha}_1$，$\boldsymbol{\alpha}_2$，$\boldsymbol{\alpha}_3$ 线性表示？a 取何值时 $\boldsymbol{\beta}$ 不能由 $\boldsymbol{\alpha}_1$，$\boldsymbol{\alpha}_2$，$\boldsymbol{\alpha}_3$ 线性表示？

6. 已知向量组 B:$\boldsymbol{\beta}_1,\boldsymbol{\beta}_2,\boldsymbol{\beta}_3$,可由向量组 A:$\boldsymbol{\alpha}_1,\boldsymbol{\alpha}_2,\boldsymbol{\alpha}_3$ 线性表示为 $\boldsymbol{\beta}_1=\boldsymbol{\alpha}_1-\boldsymbol{\alpha}_2+\boldsymbol{\alpha}_3$,$\boldsymbol{\beta}_2=\boldsymbol{\alpha}_1+\boldsymbol{\alpha}_2-\boldsymbol{\alpha}_3$,$\boldsymbol{\beta}_3=-\boldsymbol{\alpha}_1+\boldsymbol{\alpha}_2+\boldsymbol{\alpha}_3$,试将向量组 A 用向量组 B 线性表示.

7. 判断向量组 $\boldsymbol{\alpha}_1=(0,2,2)^{\mathrm{T}}$,$\boldsymbol{\alpha}_2=(2,0,2)^{\mathrm{T}}$,$\boldsymbol{\alpha}_3=(2,2,0)^{\mathrm{T}}$ 的线性相关性.

8. 设矩阵 $\boldsymbol{A}=(\boldsymbol{\alpha}_1,\boldsymbol{\alpha}_2,\boldsymbol{\alpha}_3,\boldsymbol{\alpha}_4)$,其中 $\boldsymbol{\alpha}_2,\boldsymbol{\alpha}_3,\boldsymbol{\alpha}_4$ 线性无关,$\boldsymbol{\alpha}_1=2\boldsymbol{\alpha}_2-\boldsymbol{\alpha}_3$,向量 $\boldsymbol{b}=\boldsymbol{\alpha}_1+\boldsymbol{\alpha}_2+\boldsymbol{\alpha}_3+\boldsymbol{\alpha}_4$,求方程组 $\boldsymbol{Ax}=\boldsymbol{b}$ 的通解.

班级______________ 姓名______________ 学号______________

9. 设 $\boldsymbol{\alpha}_1=(2,2,2)^{\mathrm{T}}$，$\boldsymbol{\alpha}_2=(-1,3,0)^{\mathrm{T}}$，$\boldsymbol{\alpha}_3=(2,0,3)^{\mathrm{T}}$，$\boldsymbol{\beta}=(1,3,0)^{\mathrm{T}}$，问：向量 $\boldsymbol{\beta}$ 是否可以表示为向量组 $\boldsymbol{\alpha}_1,\boldsymbol{\alpha}_2,\boldsymbol{\alpha}_3$ 的线性组合？如果可以，求一组线性组合系数.

10. 求向量组 $\boldsymbol{\alpha}_1=(2,4,2)^{\mathrm{T}}$，$\boldsymbol{\alpha}_2=(1,1,0)^{\mathrm{T}}$，$\boldsymbol{\alpha}_3=(2,3,1)^{\mathrm{T}}$，$\boldsymbol{\alpha}_4=(3,5,2)^{\mathrm{T}}$ 的一个最大线性无关组，并用该最大线性无关组表示其余向量.

11. 求向量组 $\boldsymbol{\alpha}_1=(6,4,1,-1,2)^{\mathrm{T}}$，$\boldsymbol{\alpha}_2=(1,0,2,3,-4)^{\mathrm{T}}$，$\boldsymbol{\alpha}_3=(1,4,-9,-16,22)^{\mathrm{T}}$，$\boldsymbol{\alpha}_4=(7,1,0,-1,3)^{\mathrm{T}}$ 的最大线性无关组和秩.

12. 求向量组 $\boldsymbol{\alpha}_1=(1,0,1,0)^{\mathrm{T}}$，$\boldsymbol{\alpha}_2=(-1,2,1,1)^{\mathrm{T}}$，$\boldsymbol{\alpha}_3=(0,2,2,1)^{\mathrm{T}}$ 的秩，并指出此向量组是否线性相关.

13. 求下列齐次线性方程组的一个基础解系

$$\begin{cases}2x_1-4x_2+5x_3+3x_4=0\\3x_1-6x_2+4x_3+2x_4=0.\\4x_1-8x_2+17x_3+11x_4=0\end{cases}$$

14. 求非齐次线性方程组

$$\begin{cases}x_1-x_2+x_3+2x_4-x_5=-1\\2x_1+x_2+2x_3-x_4+x_5=2\\4x_1-x_2+4x_3+3x_4-x_5=0\end{cases}$$

的通解及其对应的齐次线性方程组的基础解系.

15. 设四元非齐次线性方程组的系数矩阵的秩为 3,已知 $\boldsymbol{\eta}_1,\boldsymbol{\eta}_2,\boldsymbol{\eta}_3$ 是它的 3 个解向量,且 $\boldsymbol{\eta}_1=(2,3,4,5)^{\mathrm{T}}$, $\boldsymbol{\eta}_2+\boldsymbol{\eta}_3=(0,1,2,3)^{\mathrm{T}}$,求该方程组的通解.

16. 已知矩阵 $\boldsymbol{B}=\begin{pmatrix} 1 & 1 & 1 & 5 \\ -2 & -2 & -2 & -6 \\ 1 & 0 & 3 & 0 \\ 0 & 1 & -2 & 0 \\ 0 & 0 & 0 & 1 \end{pmatrix}$ 的列向量都是齐次线性方程组

$$\begin{cases} x_1+x_2+x_3+x_4+x_5=0 \\ 3x_1+2x_2+x_3+x_4-3x_5=0 \\ x_2+2x_3+2x_4+6x_5=0 \\ 5x_1+4x_2+3x_3+3x_4-x_5=0 \end{cases} \tag{1}$$

的解向量.问:$\boldsymbol{B}$ 的四个列向量是否构成方程组(1)的基础解系?若不能,不用解方程组的方法,试求(1)的一个基础解系.

17. 设 $\boldsymbol{A}=\begin{pmatrix}2 & -2 & 1 & 3\\ 9 & -5 & 2 & 8\end{pmatrix}$，求一个 4×2 矩阵 $\boldsymbol{B}$，使 $\boldsymbol{AB}=\boldsymbol{O}$，且 $R(\boldsymbol{B})=2$.

18. 已知 $\boldsymbol{R}^3$ 的两组基为

$$\boldsymbol{a}_1=\begin{pmatrix}1\\1\\1\end{pmatrix},\boldsymbol{a}_2=\begin{pmatrix}1\\0\\-1\end{pmatrix},\boldsymbol{a}_3=\begin{pmatrix}1\\0\\1\end{pmatrix}\text{及 }\boldsymbol{b}_1=\begin{pmatrix}1\\2\\1\end{pmatrix},\boldsymbol{b}_2=\begin{pmatrix}2\\3\\4\end{pmatrix},\boldsymbol{b}_3=\begin{pmatrix}3\\4\\3\end{pmatrix}.$$

(1) 求由基 $\boldsymbol{a}_1,\boldsymbol{a}_2,\boldsymbol{a}_3$ 到基 $\boldsymbol{b}_1,\boldsymbol{b}_2,\boldsymbol{b}_3$ 的过渡矩阵 $\boldsymbol{P}$；

(2) 设向量 $\boldsymbol{x}$ 在前一组基中的坐标为 $(1,1,3)^{\mathrm{T}}$，求它在后一组基中的坐标.

19. 求线性方程组

$$\begin{cases} x_1+x_2+x_3-2x_4+x_5=2 \\ x_1+3x_2+2x_3+x_4+2x_5=3 \\ 2x_1+4x_2+3x_3-x_4+3x_5=5 \end{cases}$$

的通解.

20. 设有向量组 A:$\boldsymbol{\alpha}_1=\begin{pmatrix}\alpha\\2\\10\end{pmatrix}$,$\boldsymbol{\alpha}_2=\begin{pmatrix}-2\\1\\5\end{pmatrix}$,$\boldsymbol{\alpha}_3=\begin{pmatrix}-1\\1\\4\end{pmatrix}$及向量 $\boldsymbol{b}=\begin{pmatrix}1\\\beta\\-1\end{pmatrix}$,问 α,β 为何值时,

(1) 向量 $\boldsymbol{b}$ 不能由向量组 A 线性表示;

(2) 向量 $\boldsymbol{b}$ 能由向量组 A 线性表示,且表示方法唯一;

(3) 向量 $\boldsymbol{b}$ 能由向量组 A 线性表示,且表示方法不唯一.

四、证明题

1. 设 $\boldsymbol{\alpha}=(2,1,-2)^{\mathrm{T}}$,$\boldsymbol{\beta}=(-4,2,3)^{\mathrm{T}}$,$\boldsymbol{\gamma}=(-8,8,5)^{\mathrm{T}}$. 证明:存在数 k 使得 $2\boldsymbol{\alpha}+k\boldsymbol{\beta}=\boldsymbol{\gamma}$.

2. 设 $\boldsymbol{\beta}_1=\boldsymbol{\alpha}_2+\boldsymbol{\alpha}_3+\cdots+\boldsymbol{\alpha}_m$, $\boldsymbol{\beta}_2=\boldsymbol{\alpha}_1+\boldsymbol{\alpha}_3+\cdots+\boldsymbol{\alpha}_m$, $\cdots$, $\boldsymbol{\beta}_m=\boldsymbol{\alpha}_1+\boldsymbol{\alpha}_2+\cdots+\boldsymbol{\alpha}_{m-1}$,其中 $m>1$. 证明:向量组 $\boldsymbol{\beta}_1,\boldsymbol{\beta}_2,\cdots,\boldsymbol{\beta}_m$ 与 $\boldsymbol{\alpha}_1,\boldsymbol{\alpha}_2,\cdots,\boldsymbol{\alpha}_m$ 有相同的秩.

3. 设 $\boldsymbol{\eta}_1,\boldsymbol{\eta}_2,\cdots,\boldsymbol{\eta}_s$ 是非齐次线性方程组 $\boldsymbol{AX}=\boldsymbol{b}$ 的 s 个解,$k_1,k_2,\cdots,k_s$ 为实数,满足 $k_1+k_2+\cdots+k_s=1$. 证明:$\boldsymbol{x}=k_1\boldsymbol{\eta}_1+k_2\boldsymbol{\eta}_2+\cdots+k_s\boldsymbol{\eta}_s$ 也是它的解.

4. 设 $\boldsymbol{b}_1=\boldsymbol{a}_1+\boldsymbol{a}_2$,$\boldsymbol{b}_2=\boldsymbol{a}_2+\boldsymbol{a}_3$,$\boldsymbol{b}_3=\boldsymbol{a}_3+\boldsymbol{a}_4$,$\boldsymbol{b}_4=\boldsymbol{a}_4+\boldsymbol{a}_1$,证明向量组 $\boldsymbol{b}_1,\boldsymbol{b}_2,\boldsymbol{b}_3,\boldsymbol{b}_4$ 线性相关.

5. 设有 n 维向量组 $A:\boldsymbol{a}_1,\boldsymbol{a}_2,\cdots,\boldsymbol{a}_n$，证明它们线性无关的充分必要条件是：任一 n 维向量都可以由它们线性表示.

6. 设 $\begin{cases}\boldsymbol{\beta}_1= \quad\quad \boldsymbol{\alpha}_2+\boldsymbol{\alpha}_3+\cdots+\boldsymbol{\alpha}_n\\ \boldsymbol{\beta}_2=\boldsymbol{\alpha}_1+ \quad\quad \boldsymbol{\alpha}_3+\cdots+\boldsymbol{\alpha}_n\\ \cdots\cdots\cdots\cdots\\ \boldsymbol{\beta}_n=\boldsymbol{\alpha}_1+\boldsymbol{\alpha}_2+\cdots+\boldsymbol{\alpha}_{n-1}\end{cases}$，$n>1$，证明向量组 $\boldsymbol{\alpha}_1,\boldsymbol{\alpha}_2,\cdots,\boldsymbol{\alpha}_n$ 与向量组 $\boldsymbol{\beta}_1,\boldsymbol{\beta}_2,\cdots,\boldsymbol{\beta}_n$ 等价.

7. 设向量组 $\boldsymbol{\alpha}_1,\boldsymbol{\alpha}_2,\cdots,\boldsymbol{\alpha}_m$ 线性无关，求证：若 $\boldsymbol{\beta}=l_1\boldsymbol{\alpha}_1+l_2\boldsymbol{\alpha}_2+\cdots+l_m\boldsymbol{\alpha}_m$ 且 $l_i\neq0(i=1,2,\cdots,m)$，则 $\boldsymbol{\alpha}_1,\cdots,\boldsymbol{\alpha}_{i-1},\boldsymbol{\beta},\boldsymbol{\alpha}_{i+1},\cdots,\boldsymbol{\alpha}_m$ 线性无关.

8. 若 $\boldsymbol{\alpha}_1,\boldsymbol{\alpha}_2,\cdots,\boldsymbol{\alpha}_{n+1}$ 线性相关，但其中任意 n 个都线性无关，求证：必存在 $n+1$ 个全不为零的数 k_i，使得 $k_1\boldsymbol{\alpha}_1+k_2\boldsymbol{\alpha}_2+\cdots+k_n\boldsymbol{\alpha}_n+k_{n+1}\boldsymbol{\alpha}_{n+1}=\mathbf{0}$.

9. 证明：向量组 $\boldsymbol{\alpha}_1,\boldsymbol{\alpha}_2,\cdots,\boldsymbol{\alpha}_s$（其中 $\boldsymbol{\alpha}_1\neq\mathbf{0}$）线性相关的充分必要条件是，至少有一个 $\boldsymbol{\alpha}_i$ $(1<i\leqslant s)$ 可由前面的向量 $\boldsymbol{\alpha}_1,\boldsymbol{\alpha}_2,\cdots,\boldsymbol{\alpha}_{i-1}$ 线性表示.

10. 证明：向量组 $\boldsymbol{\alpha}_1,\boldsymbol{\alpha}_2,\cdots,\boldsymbol{\alpha}_m$ 线性无关的充分必要条件是向量组 $\boldsymbol{\alpha}_1,\boldsymbol{\alpha}_1+\boldsymbol{\alpha}_2,\cdots,\boldsymbol{\alpha}_1+\boldsymbol{\alpha}_2+\cdots+\boldsymbol{\alpha}_m$ 线性无关.

第五章

相似矩阵及二次型

内容概要

1. 向量内积、长度及正交性

(1) 称实数$[\boldsymbol{\alpha},\boldsymbol{\beta}]=\boldsymbol{\alpha}^{\mathrm{T}}\boldsymbol{\beta}=a_1b_1+\cdots+a_nb_n$ 为 $\boldsymbol{\alpha}=(a_1,\cdots,a_n)^{\mathrm{T}}$ 与 $\boldsymbol{\beta}=(b_1,\cdots,b_n)^{\mathrm{T}}$ 的内积.

(2) 非负实数$\sqrt{[\boldsymbol{\alpha},\boldsymbol{\alpha}]}$称为向量 $\boldsymbol{\alpha}$ 的长度,记为 $\|\boldsymbol{\alpha}\|$. 长度为 1 的向量称为单位向量.

(3) 当$[\boldsymbol{\alpha},\boldsymbol{\beta}]=0$ 时,称 $\boldsymbol{\alpha}$ 与 $\boldsymbol{\beta}$ 正交,记为 $\boldsymbol{\alpha}\perp\boldsymbol{\beta}$.

(4) (柯西-施瓦兹不等式)$|[\boldsymbol{\alpha},\boldsymbol{\beta}]|\leqslant|\,\|\boldsymbol{\alpha}\|\cdot\|\boldsymbol{\beta}\|$. 当且仅当 $\boldsymbol{\alpha},\boldsymbol{\beta}$ 线性相关时,等号才成立.

(5) 两两正交的非零向量构成的向量组是线性无关的.

(6) $V(V\subset\mathbf{R}^n)$ 的一组基 $\boldsymbol{e}_1,\boldsymbol{e}_2,\cdots,\boldsymbol{e}_r$ 称为 V 的一个标准正交基,如果$[\boldsymbol{e}_i,\boldsymbol{e}_j]=\begin{cases}1(i=j)\\0(i\neq j)\end{cases}$.

(7) 设 $\boldsymbol{A}$ 是 n 阶实方阵,如果 $\boldsymbol{A}^{\mathrm{T}}\boldsymbol{A}=\boldsymbol{A}\boldsymbol{A}^{\mathrm{T}}=\boldsymbol{E}$,则称 $\boldsymbol{A}$ 为正交矩阵.

2. 方阵的特征值与特征向量

(1) 设 $\boldsymbol{A}$ 是一个 n 阶方阵,如果存在一个数 λ 及 n 维非零向量 $\boldsymbol{x}$,使 $\boldsymbol{A}\boldsymbol{x}=\lambda\boldsymbol{x}$,则 λ 称为 $\boldsymbol{A}$ 的一个特征值,$\boldsymbol{x}$ 称为 $\boldsymbol{A}$ 的属于特征值 λ 的一个特征向量.

(2) λ 为 $\boldsymbol{A}$ 的特征值当且仅当 λ 为 $f_{\boldsymbol{A}}(\lambda)=|\boldsymbol{A}-\lambda\boldsymbol{E}|=0$ 的根.

(3) 特征值与特征向量的性质:

① $\boldsymbol{A}$ 的一个特征向量只属于 $\boldsymbol{A}$ 的某一个特征值,不能属于 $\boldsymbol{A}$ 的不同特征值.

② n 阶方阵 $\boldsymbol{A}$ 的属于同一特征值 λ 的特征向量的线性组合如果是非零向量,则该组合仍是 $\boldsymbol{A}$ 的属于特征值的特征向量. 特别地,如果 $\boldsymbol{\eta}_1,\boldsymbol{\eta}_2$ 都是 $\boldsymbol{A}$ 的属于特征值 λ 的特征向量,k_1,k_2 为两个数,且 $\boldsymbol{\eta}=k_1\boldsymbol{\eta}_1+k_2\boldsymbol{\eta}_2\neq\mathbf{0}$,则 $\boldsymbol{\eta}$ 仍是 $\boldsymbol{A}$ 的属于特征值 λ 的特征向量.

③ 设 $\boldsymbol{\eta}$ 是 n 阶方阵 $\boldsymbol{A}$ 的属于特征值 λ_0 的特征向量,$f(\lambda)$ 是关于 λ 的多项式,则 $f(\lambda_0)$ 是 $f(\boldsymbol{A})$ 的特征值,$\boldsymbol{\eta}$ 是 $f(\boldsymbol{A})$ 的属于 $f(\lambda_0)$ 的特征向量.

④ 设 $\boldsymbol{A}$ 是 n 阶可逆方阵，λ 是 $\boldsymbol{A}$ 的特征值，则 $\lambda\neq 0$，且 λ^{-1} 是 $\boldsymbol{A}^{-1}$ 的特征值.

⑤ $\boldsymbol{A}$ 的属于不同特征值的特征向量线性无关.

⑥ 方阵 $\boldsymbol{A}$ 的属于不同特征值的特征向量的和不再是 $\boldsymbol{A}$ 的特征向量.

⑦ $\lambda_1,\lambda_2,\cdots,\lambda_n$ 是 n 阶方阵 $\boldsymbol{A}=(a_{ij})_{n\times n}$ 的 n 个特征值，则

(i) $\lambda_1+\lambda_2+\cdots+\lambda_n=a_{11}+a_{22}+\cdots+a_{nn}$；

(ii) $\lambda_1\lambda_2\cdots\lambda_n=|\boldsymbol{A}|$；

(iii) $|f(\boldsymbol{A})|=f(\lambda_1)f(\lambda_2)\cdots f(\lambda_n)$.

3. 相似矩阵与对角化

(1) 设 $\boldsymbol{A},\boldsymbol{B}$ 都是 n 阶方阵，如果存在 n 阶可逆矩阵 $\boldsymbol{P}$，使得 $\boldsymbol{B}=\boldsymbol{P}^{-1}\boldsymbol{AP}$，则称 $\boldsymbol{B}$ 与 $\boldsymbol{A}$ 相似.

(2) 如果 n 阶方阵 $\boldsymbol{A}$ 与一个对角形矩阵相似，称 $\boldsymbol{A}$ 可对角化.

(3) 相似矩阵有相同的特征多项式，有相同的特征值.

(4) n 阶方阵 $\boldsymbol{A}$ 可对角化的充分必要条件是 $\boldsymbol{A}$ 有 n 个线性无关的特征向量.

(5) n 阶方阵 $\boldsymbol{A}$ 有 n 个不同的特征值，则 $\boldsymbol{A}$ 可对角化.

(6) $\boldsymbol{A}$ 是实对称矩阵，则

① $\boldsymbol{A}$ 的特征值都是实数；

② $\boldsymbol{A}$ 的属于不同特征值的特征向量彼此正交；

③ 存在正交矩阵 $\boldsymbol{P}$，使得 $\boldsymbol{P}^{-1}\boldsymbol{AP}=\boldsymbol{P}^{\mathrm{T}}\boldsymbol{AP}$ 为对角矩阵.

4. 二次型及其标准形

(1) 含有 n 个变量 $x_1,x_2,\cdots,x_n$ 的实二次齐次函数

$$f(x_1,x_2,\cdots,x_n)=a_{11}x_1^2+2a_{12}x_1x_2+\cdots+2a_{1n}x_1x_n+a_{22}x_2^2+\cdots+2a_{2n}x_2x_n+\cdots+a_{nn}x_n^2$$

称为一个 n 元二次型，简称二次型.

(2) 称只含平方项的二次型 $f(x_1,x_2,\cdots,x_n)=d_1x_1^2+d_2x_2^2+\cdots+d_nx_n^2$ 为标准形二次型.

(3) $f(x_1,x_2,\cdots,x_n)=\boldsymbol{X}^{\mathrm{T}}\boldsymbol{AX}$，其中 $\boldsymbol{X}=(x_1,x_2,\cdots,x_n)^{\mathrm{T}}$，$\boldsymbol{A}=(a_{ij})_{n\times n}$ 是实对称矩阵.

n 元实二次型与 n 阶实对称矩阵之间是一一对应的.

(4) 设 $\boldsymbol{A},\boldsymbol{B}$ 都是 n 阶方阵，如果存在 n 阶可逆矩阵 $\boldsymbol{C}$，使得 $\boldsymbol{B}=\boldsymbol{C}^{\mathrm{T}}\boldsymbol{AC}$，则称 $\boldsymbol{B}$ 与 $\boldsymbol{A}$ 合同.

(5) 任意二次型都可以经可逆线性替换化为标准形；任意实对称矩阵都合同于对角矩阵.

(6) 任意二次型都可以经正交线性替换化为标准形；任意实对称矩阵都既相似又合同于对角矩阵.

(7) 如果对于任意一组不全为零的实数 $(c_1,c_2,\cdots,c_n)$ 都有 $f(c_1,c_2,\cdots,c_n)>0$ 称实二次型 $f(x_1,x_2,\cdots,x_n)=\boldsymbol{X}^{\mathrm{T}}\boldsymbol{AX}$ 正定二次型；$f(x_1,x_2,\cdots,x_n)=\boldsymbol{X}^{\mathrm{T}}\boldsymbol{AX}$ 正定时，称二次型的矩阵 $\boldsymbol{A}$ 称为正定矩阵.

$f(x_1,x_2,\cdots,x_n)$ 正定当且仅当 $f(x_1,x_2,\cdots,x_n)$ 的标准形 n 个平方项的系数都为正.

班级______________ 姓名______________ 学号______________

一、判断题

1. 如果 n 阶方阵 $\boldsymbol{A}$ 可对角化，则 $\boldsymbol{A}$ 必有 n 不同的特征值. （　　）

2. 特征多项式相同的两个方阵一定相似. （　　）

3. 相似矩阵有相同的秩. （　　）

4. 设 $\boldsymbol{A}$ 是 n 阶方阵，λ 是一个数，则齐次线性方程组 $(\boldsymbol{A}-\lambda\boldsymbol{E})\boldsymbol{X}=\boldsymbol{0}$ 的非零解都是 $\boldsymbol{A}$ 的属于 λ 的特征向量. （　　）

5. n 阶方阵 $\boldsymbol{A}$ 可对角化，则 $\boldsymbol{A}$ 必有 n 个线性无关的特征向量. （　　）

6. 设 3 阶方阵 $\boldsymbol{A}$ 有特征值 $\lambda_1,\lambda_2,\lambda_3$，则行列式 $|2\boldsymbol{A}|=2\lambda_1\lambda_2\lambda_3$. （　　）

7. 等价的二次型对应的矩阵合同但不一定相似. （　　）

8. 方阵 $\boldsymbol{A}$ 的属于不同特征值的特征向量彼此正交. （　　）

9. 实二次型 $f(x_1,x_2,x_3)$ 经可逆的线性变换化 $\boldsymbol{Y}=\boldsymbol{CX}$ 为 $g(y_1,y_2,y_3)=y_1^2+y_2^2$，则二次型 $f(x_1,x_2,x_3)$ 正定. （　　）

10. 二次型 $f(x_1,x_2,x_3)$ 经正交的线性变换化 $\boldsymbol{Y}=\boldsymbol{CX}$ 为 $g(y_1,y_2,y_3)$，则 $f(x_1,x_2,x_3)$ 与 $g(y_1,y_2,y_3)$ 对应的矩阵既合同又相似. （　　）

11. 方阵 $\boldsymbol{A}$ 的属于不同特征值的特征向量之和不再是 $\boldsymbol{A}$ 的特征向量. （　　）

12. 设 $\boldsymbol{A}$ 是 n 阶方阵，$\boldsymbol{A}$ 可逆的充分必要条件是 $\boldsymbol{A}$ 的特征值都非零. （　　）

13. 设 $\boldsymbol{A},\boldsymbol{B}$ 都是 n 阶方阵，如果 $\boldsymbol{A},\boldsymbol{B}$ 有完全相同的特征值，则 $\boldsymbol{A},\boldsymbol{B}$ 相似. （　　）

14. 二次型 $f(x_1,x_2,x_3)$ 经可逆的线性变换 $\boldsymbol{Y}=\boldsymbol{CX}$ 化为 $g(y_1,y_2,y_3)$，则 $f(x_1,x_2,x_3)$ 与 $g(y_1,y_2,y_3)$ 对应的矩阵相似. （　　）

15. 方阵 $\boldsymbol{A}$ 正定的充分必要条件是：存在正定方阵 $\boldsymbol{B}$ 使得 $\boldsymbol{A}=\boldsymbol{B}^2$. （　　）

二、填空题

1. 若 $\boldsymbol{\alpha}_1=\begin{pmatrix}1\\-2\\1\end{pmatrix}$，$\boldsymbol{\alpha}_2=\begin{pmatrix}t\\1\\2\end{pmatrix}$ 正交，则 $t=$________.

2. 设 $\boldsymbol{\alpha}$ 是与 $\boldsymbol{\alpha}_1=\begin{pmatrix}1\\-1\\0\end{pmatrix}$，$\boldsymbol{\alpha}_2=\begin{pmatrix}1\\1\\1\end{pmatrix}$ 都正交的单位向量，则 $\boldsymbol{\alpha}=$__________.

3. 设 3 阶方阵 $\boldsymbol{A}$ 有特征值 $1,2,-1$，则行列式 $|\boldsymbol{A}^{-1}|=$________.

4. 设 3 阶方阵 $\boldsymbol{A}$ 有特征值 $0,1,2$，则行列式 $|2\boldsymbol{A}+\boldsymbol{E}|=$________.

5. 秩为 2 的 3 阶方阵 $\boldsymbol{A}$ 有特征值 $1,-2$，则 $\boldsymbol{A}$ 的另一特征值 $\lambda=$________.

6. 秩为 2 的 3 阶方阵 $\boldsymbol{A}$ 有特征值 $2,3$，则行列式 $|\boldsymbol{A}+2\boldsymbol{E}|=$________.

7. 若矩阵 $\boldsymbol{A}$ 与矩阵 $\boldsymbol{B}=\begin{pmatrix}-1&0&0\\0&0&1\\0&1&0\end{pmatrix}$ 相似，则矩阵 $\boldsymbol{A}+\boldsymbol{E}$ 的秩 $R(\boldsymbol{A}+\boldsymbol{E})=$________.

8. 二次型 $f(x_1,x_2,x_3)=x_1^2+3x_2^2+3x_3^2+2x_1x_2+4x_2x_3$ 的矩阵为 $\boldsymbol{A}=$____________.

9. 二次型 $f(x_1,x_2,x_3)=x_1^2+2x_2^2+tx_3^2+2x_1x_2+2x_2x_3$ 正定，则 t 的取值范围为________.

10. 若二次曲面 $x^2+3y^2+z^2+2axy+2xz+2yz=4$ 经过正交变换化为 $y_1^2+4z_1^2=4$，

则 $a=$________.

11. 设 3 阶方阵 $\boldsymbol{A}$ 有特征值 1,2,3,则行列式 $|6\boldsymbol{A}^{-1}-\boldsymbol{E}|=$________.

12. 设矩阵 $\boldsymbol{A}=\begin{pmatrix}-2 & 1 & 1\\ 0 & 2 & 0\\ -4 & 1 & 3\end{pmatrix}$ 与 $\boldsymbol{\Lambda}=\begin{pmatrix}-1 & 0 & 0\\ 0 & 2 & 0\\ 0 & 0 & x\end{pmatrix}$ 相似,则 $x=$________.

13. 设矩阵 $\boldsymbol{A}=\begin{pmatrix}0 & -1 & 1\\ -1 & 0 & 1\\ x & 1 & 0\end{pmatrix}$ 与 $\boldsymbol{\Lambda}=\begin{pmatrix}-2 & 0 & 0\\ 0 & 1 & 0\\ 0 & 0 & 1\end{pmatrix}$ 相似,则 $x=$________.

14. 若 $\boldsymbol{\alpha}=\begin{pmatrix}1\\ t\\ 1\end{pmatrix}$, $\|\boldsymbol{\alpha}\|=\sqrt{6}$,则 $t=$________.

15. 设 3 阶实对称阵 $\boldsymbol{A}$ 有特征值 1,−2,3,则经正交变换 $\boldsymbol{X}=\boldsymbol{Q}\boldsymbol{X}_1$,二次型 $f(x,y,z)=\boldsymbol{X}^{\mathrm{T}}\boldsymbol{A}\boldsymbol{X}$ 可化为标准形________________(其中 $\boldsymbol{X}=(x,y,z)^{\mathrm{T}}$, $\boldsymbol{X}_1=(x_1,y_1,z_1)^{\mathrm{T}}$ 为列向量).

三、计算题一

1. 设 $\boldsymbol{A}$ 为 3 阶方阵,矩阵 $\boldsymbol{A}+\boldsymbol{E}$ 有特征值 3,4,0,$\boldsymbol{A}^*$ 为 $\boldsymbol{A}$ 的伴随矩阵.

(1) 求 $\boldsymbol{A}^{-1}$的特征值;(2) 求行列式 $|6\boldsymbol{A}^{-1}+2\boldsymbol{A}^*-\boldsymbol{E}|$.

2. 设 3 阶方阵 $\boldsymbol{A}$ 有两个特征值 1,2,且 $|\boldsymbol{A}|=-4$,求:

(1) $\boldsymbol{A}$ 的另一个特征值;(2) 行列式 $|\boldsymbol{A}^2+2\boldsymbol{A}+2\boldsymbol{E}|$.

3. 设矩阵 $\boldsymbol{A}=\begin{pmatrix}1 & -2 & -4\\ -2 & x & -2\\ -4 & -2 & 1\end{pmatrix}$ 与 $\boldsymbol{\Lambda}=\begin{pmatrix}5 & 0 & 0\\ 0 & -4 & 0\\ 0 & 0 & y\end{pmatrix}$ 相似,求:

(1) x,y;(2) $|\boldsymbol{A}-2\boldsymbol{E}|$.

4. 设 $\boldsymbol{A}=\begin{pmatrix}1 & -1 & 1\\ 2 & 4 & -2\\ -3 & -3 & a\end{pmatrix}$，$\boldsymbol{B}=\begin{pmatrix}2 & 0 & 0\\ 0 & 2 & 0\\ 0 & 0 & b\end{pmatrix}$ 相似，求

(1) a,b 的值；(2) $|6\boldsymbol{A}^{-1}+\boldsymbol{E}|$.

5. 设 $\boldsymbol{A}=\begin{pmatrix}3 & -4 & 0\\ 4 & -5 & 0\\ a & 2 & k\end{pmatrix}$.（1）求 $\boldsymbol{A}$ 的特征值；（2）若 $\boldsymbol{A}$ 有三重特征值 λ，且对应 λ 有两个线性无关的特征向量，求 a 与 k.

6. 设 $\lambda_1=1,\lambda_2=-1$ 是矩阵 $\boldsymbol{A}=\begin{pmatrix}3 & 1 & -2\\ -t & -1 & t\\ 4 & 1 & -3\end{pmatrix}$ 的特征值.

(1) 求 $\boldsymbol{A}$ 的另一个特征值；

(2) 若矩阵 $\boldsymbol{A}$ 可对角化，求 t 的值.

7. 设 $\boldsymbol{A}=\begin{pmatrix}2&2&0\\8&2&a\\0&0&6\end{pmatrix}$ 相似于对角矩阵 $\boldsymbol{\Lambda}$. (1) 求 $\boldsymbol{A}$ 的特征值;(2) 确定常数 a 的值.

8. 设 $\boldsymbol{A}$ 是 3 阶实对称矩阵,$\boldsymbol{A}$ 的特征值为 $2,-1,-1$,且 $\boldsymbol{\alpha}_1=(-1,1,1)^{\mathrm{T}}$ 是属于特征值 2 的特征向量,求:(1) $\boldsymbol{A}$ 的属于特征值 -1 的特征向量;(2) 矩阵 $\boldsymbol{A}$.

9. 设 3 阶实对称方阵 $\boldsymbol{A}$ 的秩为 2,$\lambda_1=\lambda_2=6$ 是二重特征根. 若 $\boldsymbol{\alpha}_1=(1,1,0)^{\mathrm{T}}$,$\boldsymbol{\alpha}_2=(2,1,1)^{\mathrm{T}}$ 都是 $\boldsymbol{A}$ 的属于特征值 6 的特征向量,求:(1) $\boldsymbol{A}$ 的另一个特征值和对应的特征向量;(2) 矩阵 $\boldsymbol{A}$.

10. 设 $\boldsymbol{A}$ 是 3 阶实对称矩阵，且 $\boldsymbol{A}$ 的特征值为 1，4，0，$\boldsymbol{\alpha}_1=(-1,-1,1)^{\mathrm{T}}$，$\boldsymbol{\alpha}_2=(1,-2,-1)^{\mathrm{T}}$ 分别是属于特征值 1，4 的特征向量，求：(1) 属于特征值 0 的特征向量；(2) 矩阵 $\boldsymbol{A}$.

11. 设 $\boldsymbol{A}$ 是 3 阶实对称矩阵有特征值 3，且向量 $\boldsymbol{\alpha}_1=(-1,2,-1)^{\mathrm{T}}$，$\boldsymbol{\alpha}_2=(0,-1,1)^{\mathrm{T}}$ 是线性方程组 $\boldsymbol{AX}=\boldsymbol{0}$ 的两个解，求：(1) $\boldsymbol{A}$ 的属于特征值 3 的特征向量；(2) 矩阵 $\boldsymbol{A}$.

12. 已知 $\boldsymbol{\xi}=\begin{pmatrix}1\\1\\-1\end{pmatrix}$ 是矩阵 $\boldsymbol{A}=\begin{pmatrix}2&-1&2\\5&a&3\\-1&b&-2\end{pmatrix}$ 的一个特征向量，试确定参数 a，b，及特征向量 $\boldsymbol{\xi}$ 对应的特征值.

13. 已知 $\boldsymbol{\xi}=\begin{pmatrix}a\\1\\1\end{pmatrix}$ 是矩阵 $\boldsymbol{A}=\begin{pmatrix}0&-1&-1\\-1&0&b\\-1&1&0\end{pmatrix}$ 的一个特征向量,试确定参数 a,b 及特征向量 $\boldsymbol{\xi}$ 对应的特征值.

14. 设 3 阶实对称方阵 $\boldsymbol{A}$ 的秩为 2,$\lambda_1=\lambda_2=3$ 是 $\boldsymbol{A}$ 的二重特征根. 若 $\boldsymbol{\alpha}=(-1,1,1)^{\mathrm{T}}$ 是 $\boldsymbol{AX}=\boldsymbol{0}$ 的解,求:(1) $\boldsymbol{A}$ 的另一个特征值和特征值 3 对应的特征向量;(2) 矩阵 $\boldsymbol{A}$.

15. 设 $\lambda=-1$ 是矩阵 $\boldsymbol{A}=\begin{pmatrix}a&0&1\\1&1&t\\1&0&0\end{pmatrix}$ 的特征值. (1) 求 a,以及 $\boldsymbol{A}$ 的所有特征值;(2) 如果 $\boldsymbol{A}$ 可对角化,求 t 的值.

四、计算题二

1. 设 $\boldsymbol{A}=\begin{pmatrix} 2 & -1 \\ -1 & 2 \end{pmatrix}$,求:

(1) 正交矩阵 $\boldsymbol{Q}$,使得 $\boldsymbol{Q}^{-1}\boldsymbol{A}\boldsymbol{Q}=\boldsymbol{Q}^{\mathrm{T}}\boldsymbol{A}\boldsymbol{Q}$ 为对角形矩阵;(2) $\boldsymbol{A}^n$(n 为正整数).

2. 设 $\boldsymbol{A}=\begin{pmatrix} -1 & -2 \\ -2 & 2 \end{pmatrix}$.(1) 求正交矩阵 $\boldsymbol{Q}$,使得 $\boldsymbol{Q}^{-1}\boldsymbol{A}\boldsymbol{Q}=\boldsymbol{Q}^{\mathrm{T}}\boldsymbol{A}\boldsymbol{Q}$ 为对角形矩阵;(2) 利用(1)的结论化二次型 $f(x,y)=x^2-2y^2+4xy$ 为标准形,并说明曲线 $x^2-2y^2+4xy=1$ 的形状.

3. 设 $\boldsymbol{\alpha}_n=\begin{pmatrix}x_n\\y_n\end{pmatrix}(n=0,1,2,\cdots)$且$\begin{cases}x_n=x_{n-1}+4y_{n-1}\\y_n=x_{n-1}+y_{n-1}\end{cases}(n=1,2,\cdots)$. (1) 写出 $\boldsymbol{\alpha}_n$ 与 $\boldsymbol{\alpha}_{n-1}$ 之间的递推关系 $\boldsymbol{\alpha}_n=\boldsymbol{A}\boldsymbol{\alpha}_{n-1}$ 中的矩阵 $\boldsymbol{A}$;(2) 求可逆矩阵 $\boldsymbol{P}$,使得 $\boldsymbol{P}^{-1}\boldsymbol{A}\boldsymbol{P}$ 为对角矩阵;(3) 如果 $x_0=2,y_0=1$,求出 $\boldsymbol{\alpha}_n$.

4. 二次型 $f(x_1,x_2,x_3)=(1-a)x_1^2+(1-a)x_2^2+2x_3^2+2(1+a)x_1x_2$ 的秩为 2. (1) 写出该二次型对应的矩阵 $\boldsymbol{A}$;(2) 求 a 的值;(3) 求正交矩阵 $\boldsymbol{Q}$,使得 $\boldsymbol{Q}^{-1}\boldsymbol{A}\boldsymbol{Q}=\boldsymbol{Q}^{\mathrm{T}}\boldsymbol{A}\boldsymbol{Q}$ 为对角形矩阵.

5. 设二次型 $f(x_1,x_2,x_3)=2x_1^2+2x_2^2+ax_3^2+2x_1x_2+2x_1x_3-2x_2x_3$ 的秩为 2.(1) 写出该二次型对应的矩阵 $\boldsymbol{A}$;(2) 求 a 的值;(3) 求正交矩阵 $\boldsymbol{Q}$,使得 $\boldsymbol{Q}^{-1}\boldsymbol{AQ}=\boldsymbol{Q}^{\mathrm{T}}\boldsymbol{AQ}$ 为对角形矩阵.

6. 设矩阵 $\boldsymbol{A}=\begin{pmatrix}1&0&0\\0&0&-1\\0&-1&0\end{pmatrix}$.(1) 求正交矩阵 $\boldsymbol{Q}$,使得 $\boldsymbol{Q}^{-1}\boldsymbol{AQ}=\boldsymbol{Q}^{\mathrm{T}}\boldsymbol{AQ}$ 为对角形矩阵;(2) 利用正交变换化二次型 $f(x_1,x_2,x_3)=x_1^2-2x_2x_3$ 为标准形.

7. 设矩阵 $\boldsymbol{A}=\begin{pmatrix}1&1&1\\1&1&1\\1&1&1\end{pmatrix}$.（1）求正交矩阵 $\boldsymbol{Q}$，使得 $\boldsymbol{Q}^{-1}\boldsymbol{A}\boldsymbol{Q}=\boldsymbol{Q}^{\mathrm{T}}\boldsymbol{A}\boldsymbol{Q}$ 为对角形矩阵；（2）利用正交变换化二次型 $f(x_1,x_2,x_3)=x_1^2+x_2^2+x_3^2+2x_1x_2+2x_1x_3+2x_2x_3$ 为标准形.

8. 设 $\boldsymbol{A}=\begin{pmatrix}0&1&1\\1&0&1\\1&1&0\end{pmatrix}$.（1）求正交矩阵 $\boldsymbol{Q}$，使得 $\boldsymbol{Q}^{-1}\boldsymbol{A}\boldsymbol{Q}=\boldsymbol{Q}^{\mathrm{T}}\boldsymbol{A}\boldsymbol{Q}$ 为对角形矩阵；（2）利用正交变换将二次型 $f(x_1,x_2,x_3)=x_1x_2+x_1x_3+x_2x_3$ 化为标准形.

9. 设二次型 $f(x,y,z)=-2x^2-2y^2-2z^2+2xy+2yz+2zx$.（1）写出该二次型对应的矩阵 $\boldsymbol{A}$;（2）求正交矩阵 $\boldsymbol{Q}$,使得 $\boldsymbol{Q}^{-1}\boldsymbol{A}\boldsymbol{Q}=\boldsymbol{Q}^{\mathrm{T}}\boldsymbol{A}\boldsymbol{Q}$ 为对角形矩阵,并利用正交变换 $\boldsymbol{X}=\boldsymbol{Q}\boldsymbol{Y}$ 将该二次型化为标准形.

10. 设矩阵 $\boldsymbol{A}=\begin{pmatrix}-2 & -1 & -1\\ -1 & -2 & 1\\ -1 & 1 & -2\end{pmatrix}$.（1）求正交矩阵 $\boldsymbol{Q}$,使得 $\boldsymbol{Q}^{-1}\boldsymbol{A}\boldsymbol{Q}=\boldsymbol{Q}^{\mathrm{T}}\boldsymbol{A}\boldsymbol{Q}$ 为对角形矩阵;（2）利用正交变换将二次型 $f(x_1,x_2,x_3)=x_1^2+x^2+x_3^2+x_1x_2+x_1x_3-x_2x_3$ 化为标准形.

11. 设矩阵 $\boldsymbol{A}=\begin{pmatrix} a & 0 & b \\ 0 & 2 & 0 \\ b & 0 & -2 \end{pmatrix}$ 的特征值之和为 1，特征值之积为 -12，且其中 $b>0$.

(1) 求 a,b；(2) 求 $\boldsymbol{A}$ 的特征值与正交矩阵 $\boldsymbol{Q}$，使得 $\boldsymbol{Q}^{-1}\boldsymbol{AQ}=\boldsymbol{Q}^{\mathrm{T}}\boldsymbol{AQ}$ 为对角形矩阵.

12. 设 $\boldsymbol{A}=\begin{pmatrix} 1 & 4 & 2 \\ 0 & -3 & 4 \\ 0 & 4 & 3 \end{pmatrix}$.（1）求可逆矩阵 $\boldsymbol{P}$，使得 $\boldsymbol{P}^{-1}\boldsymbol{AP}$ 为对角形矩阵；（2）求 $\boldsymbol{A}^{100}$.

13. 设 $\boldsymbol{A}=\begin{pmatrix}1&2&2\\2&1&2\\2&2&1\end{pmatrix}$.(1) 求可逆矩阵 $\boldsymbol{P}$,使得 $\boldsymbol{P}^{-1}\boldsymbol{AP}$ 为对角形矩阵;(2) 求 $\boldsymbol{A}^{100}$.

14. 设 3 阶实对称矩阵 $\boldsymbol{A}$ 有二重特征值 $\lambda_1=\lambda_2=-1$,且 $\boldsymbol{A}$ 的各行元素之和均为 2. (1) 求$\boldsymbol{A}$ 的另一个特征值与对应的特征向量;(2) 求属于特征值 -1 的特征向量;(3) 求正交矩阵 $\boldsymbol{Q}$ 使得 $\boldsymbol{Q}^{\mathrm{T}}\boldsymbol{AQ}=\boldsymbol{Q}^{-1}\boldsymbol{AQ}$ 为对角形矩阵.

15. 设二次型 $f(x_1,x_2,x_3)=x_1^2+x_2^2+2x_3^2+2x_1x_2$.

(1) 求 $f(x_1,x_2,x_3)$的矩阵 $\boldsymbol{A}$,并求正交矩阵 $\boldsymbol{Q}$,使得 $\boldsymbol{Q}^{\mathrm{T}}\boldsymbol{A}\boldsymbol{Q}=\boldsymbol{Q}^{-1}\boldsymbol{A}\boldsymbol{Q}$ 为对角形矩阵.

(2) 用正交变换将二次型 $f(x_1,x_2,x_3)$化为标准形,并求 $f(x_1,x_2,x_3)=0$ 的解.

五、证明题

1. 设 n 阶矩阵 $\boldsymbol{A}$ 满足 $\boldsymbol{A}^2=\boldsymbol{E}$,证明 $\boldsymbol{A}$ 的特征值只能是 -1 或 1.

2. 设 n 阶矩阵 $\boldsymbol{A}$ 满足 $\boldsymbol{A}^2-3\boldsymbol{A}+2\boldsymbol{E}=\boldsymbol{0}$,证明 $\boldsymbol{A}$ 的特征值只能是 1 或 2.

3. 设 n 阶矩阵 $\boldsymbol{A}$ 可逆，λ 是 $\boldsymbol{A}$ 的任一个特征值，证明 $\lambda\neq 0$，且 $\lambda^{-1}+\lambda^2+1$ 是 $\boldsymbol{A}^{-1}+\boldsymbol{A}^2+\boldsymbol{E}$ 的特征值.

4. 设 $\boldsymbol{A}$ 为 3 阶实对称矩阵，$\boldsymbol{A}^2+\boldsymbol{A}=\boldsymbol{0}$，且 $\boldsymbol{A}$ 的秩 $R(\boldsymbol{A})=2$，证明：(1) $\boldsymbol{A}$ 的特征值只能是 -1 或 0；(2) $\boldsymbol{A}$ 相似于 $\boldsymbol{\Lambda}=\begin{pmatrix}-1 & & \\ & -1 & \\ & & 0\end{pmatrix}$.

5. 设 $\boldsymbol{A}$ 为 4 阶实对称矩阵，$\boldsymbol{A}^2=\boldsymbol{A}$，且 $\boldsymbol{A}$ 的秩 $R(\boldsymbol{A})=2$，证明：(1) $\boldsymbol{A}$ 的特征值只能是 1 或 0；(2) $\boldsymbol{A}$ 相似于 $\boldsymbol{\Lambda}=\begin{pmatrix}1 & & & \\ & 1 & & \\ & & 0 & \\ & & & 0\end{pmatrix}$.

6. 设 λ_1,λ_2 是矩阵 $\boldsymbol{A}$ 的两个不同特征值，$\boldsymbol{\alpha}_1,\boldsymbol{\alpha}_2$ 是对应的特征向量，证明 $\boldsymbol{\alpha}_1+\boldsymbol{\alpha}_2$ 不再是 $\boldsymbol{A}$ 的特征向量.

7. 设 λ_1,λ_2 是矩阵 $\boldsymbol{A}$ 的两个不同特征值，$\boldsymbol{\alpha}_1,\boldsymbol{\alpha}_2$ 是对应的特征向量，证明 $k_1\boldsymbol{\alpha}_1+k_2\boldsymbol{\alpha}_2$（其中 k_1,k_2 都是不为 0 的常数）不再是 $\boldsymbol{A}$ 的特征向量.

8. 设 3 阶方阵 $\boldsymbol{A}=(\boldsymbol{\alpha}_1,\boldsymbol{\alpha}_2,\boldsymbol{\alpha}_3)$ 有三个不同的特征值，且 $\boldsymbol{\alpha}_3=\boldsymbol{\alpha}_1+2\boldsymbol{\alpha}_2$，证明：$\boldsymbol{A}$ 的秩 $R(\boldsymbol{A})=2$.

9. 设 $\boldsymbol{A}$ 是 3 阶实对称矩阵，$\boldsymbol{A}$ 有特征值 $-2,-1,3$，证明：当 $t>2$ 时，$\boldsymbol{A}+t\boldsymbol{E}$ 正定.

10. 设 $\boldsymbol{\alpha}$ 是 n 维单位列向量，$\boldsymbol{H}=\boldsymbol{E}-2\boldsymbol{\alpha}\boldsymbol{\alpha}^{\mathrm{T}}$，证明：(1) $\boldsymbol{H}$ 为正交矩阵；(2) $\boldsymbol{\alpha}$ 为 $\boldsymbol{H}$ 的特征向量.

11. 设 $\boldsymbol{A}$ 与 $\boldsymbol{C}$ 相似，$\boldsymbol{B}$ 与 $\boldsymbol{D}$ 相似，证明 $\begin{pmatrix}\boldsymbol{A} & \boldsymbol{O}\\ \boldsymbol{O} & \boldsymbol{B}\end{pmatrix}$ 与 $\begin{pmatrix}\boldsymbol{C} & \boldsymbol{O}\\ \boldsymbol{O} & \boldsymbol{D}\end{pmatrix}$ 相似.

12. 设 $\boldsymbol{A}$ 是 n 阶矩阵,证明:(1) $\lambda+t$ 是 $\boldsymbol{A}+t\boldsymbol{E}$ 的特征值;(2) 如果 $\boldsymbol{A}+t\boldsymbol{E}$ 正定,那么 $\boldsymbol{A}$ 的特征值都大于 $-t$.

13. 设 λ_1,λ_2 为 n 阶方阵 $\boldsymbol{A}$ 的不同特征值, 且 $\boldsymbol{A}$ 满足 $R(\boldsymbol{A}-\lambda_1\boldsymbol{E})+R(\boldsymbol{A}-\lambda_2\boldsymbol{E})=n$,证明:$\boldsymbol{A}$ 可对角化.

14. 设 $\lambda_1,\lambda_2,\lambda_3$ 为 n 阶方阵 $\boldsymbol{A}$ 的互不相同的特征值, 且 $\boldsymbol{A}$ 满足 $R(\boldsymbol{A}-\lambda_1\boldsymbol{E})+R(\boldsymbol{A}-\lambda_2\boldsymbol{E})+R(\boldsymbol{A}-\lambda_3\boldsymbol{E})=2n$,证明:$\boldsymbol{A}$ 可对角化.

15. 设 $\boldsymbol{\alpha}=\begin{pmatrix}a_1\\a_2\\a_3\end{pmatrix}$，$\boldsymbol{\beta}=\begin{pmatrix}b_1\\b_2\\b_3\end{pmatrix}$ 都是 3 维非零单位列向量，$\boldsymbol{A}=\boldsymbol{\alpha}\boldsymbol{\beta}^{\mathrm{T}}$，证明：(1) $\boldsymbol{\alpha}$ 为 $\boldsymbol{A}$ 的特征向量；(2) 如果 $\boldsymbol{\beta}^{\mathrm{T}}\boldsymbol{\alpha}\neq\boldsymbol{0}$，则 0 为 $\boldsymbol{A}$ 的二重特征值.

线性代数模拟卷（一）

课程名称______________________ 开课学院______________________

使用班级______________________ 考试日期______________________

学生所在学院______ 专业、班级______ 学号______ 姓名______

题　　号	一	二	三	四	五	六	总分	核查人签名
得　　分								
阅卷教师								

一、判断题(每题 2 分,共 10 分)

1. 若逆序数 $\tau(i_1 i_2 \cdots i_n)=t$,则 $\tau(i_2 i_1 i_3 \cdots i_n)=t\pm 1$.　　(　　)

2. 若 $\boldsymbol{AX}=\boldsymbol{AY}$,且 $\boldsymbol{A}\neq\boldsymbol{0}$,则 $\boldsymbol{X}=\boldsymbol{Y}$.　　(　　)

3. 若齐次线性方程组 $\boldsymbol{A}_{m\times n}\boldsymbol{X}_{n\times 1}=\boldsymbol{0}$ 有非零解,则非齐次线性方程组 $\boldsymbol{A}_{m\times n}\boldsymbol{X}_{n\times 1}=\boldsymbol{b}$ 有无穷多解.　　(　　)

4. 等价的向量组一定有相同的秩.　　(　　)

5. n 阶方阵 $\boldsymbol{A}$ 可对角化,则 $\boldsymbol{A}$ 必有 n 个线性无关的特征向量.　　(　　)

二、填空题(每题 3 分,共 15 分)

1. 设 D 为 4 阶行列式,且第 3 列元素分别为 1,3,-2,2,它们的余子式分别为 3,-2,1,1,则 $D=$______________.

2. 设 $\boldsymbol{A}$ 为 5 阶方阵,$|\boldsymbol{A}|=3$,则 $|3\boldsymbol{A}|=$______________,$|\boldsymbol{A}^{-1}|=$______________,$|\boldsymbol{AA}^{\mathrm{T}}|=$______________.

3. 设 $\boldsymbol{A}$ 为 3×3 矩阵,且 $\boldsymbol{A}$ 的行列式等于 1,则 $R(\boldsymbol{A})=$______________.

4. 设线性无关的向量组 $\boldsymbol{\alpha}_1,\boldsymbol{\alpha}_2,\cdots,\boldsymbol{\alpha}_r$ 可由向量组 $\boldsymbol{\beta}_1,\boldsymbol{\beta}_2,\cdots,\boldsymbol{\beta}_s$ 线性表示,则 r 与 s 的关系为______________.

5. 二次型 $f(x_1,x_2,x_3)=x_1^2+2x_2^2+tx_3^2+2x_1x_2+2x_2x_3$ 正定,则 t 的取值范围为______________.

三、计算题一(每题 8 分,共 40 分)

1. $D=\begin{vmatrix} 3 & 1 & 1 & 1 \\ 1 & 3 & 1 & 1 \\ 1 & 1 & 3 & 1 \\ 1 & 1 & 1 & 3 \end{vmatrix}$.

2. $D_n=\begin{vmatrix} 1+a_1 & 1 & \cdots & 1 \\ 1 & 1+a_2 & \cdots & 1 \\ \vdots & \vdots & & \vdots \\ 1 & 1 & \cdots & 1+a_n \end{vmatrix}$,其中 $a_1a_2\cdots a_n\neq0$.

3. 设 $\boldsymbol{A}=\begin{pmatrix}3 & 0 & 0\\ 0 & 1 & -1\\ 0 & 1 & 4\end{pmatrix}$，$\boldsymbol{B}=\begin{pmatrix}3 & 6\\ 1 & 1\\ 2 & 3\end{pmatrix}$，$\boldsymbol{X}$ 满足 $\boldsymbol{AX}=2\boldsymbol{X}+\boldsymbol{B}$，求 $\boldsymbol{X}$.

4. 讨论 λ 取何值时下面齐次线性方程组有非零解，并求出非零解

$$\begin{cases}(1-\lambda)x_1-2x_2+4x_3=0\\ 2x_1+(3-\lambda)x_2+x_3=0.\\ x_1+x_2+(1-\lambda)x_3=0\end{cases}$$

5. 求向量组 $\boldsymbol{\alpha}_1=(6,4,1,-1,2)^{\mathrm{T}}$，$\boldsymbol{\alpha}_2=(1,0,2,3,-4)^{\mathrm{T}}$，$\boldsymbol{\alpha}_3=(1,4,-9,-16,22)^{\mathrm{T}}$，$\boldsymbol{\alpha}_4=(7,1,0,-1,3)^{\mathrm{T}}$ 的最大线性无关组和秩.

四、计算题二(每题 9 分,共 9 分)

设 $\boldsymbol{A}$ 是 3 阶实对称矩阵，$\boldsymbol{A}$ 的特征值为 $2,-1,-1$，且 $\boldsymbol{\alpha}_1=(-1,1,1)^{\mathrm{T}}$ 是属于特征值 2 的特征向量.(1) 求 $\boldsymbol{A}$ 的属于特征值 -1 的特征向量;(2) 求矩阵 $\boldsymbol{A}$.

五、计算题三(每题 14 分,共 14 分)

1. 设 $\boldsymbol{A}=\begin{pmatrix}1 & 4 & 2\\0 & -3 & 4\\0 & 4 & 3\end{pmatrix}$.

(1) 求可逆矩阵 $\boldsymbol{P}$, 使得 $\boldsymbol{P}^{-1}\boldsymbol{A}\boldsymbol{P}$ 为对角形矩阵;

(2) 求 $\boldsymbol{A}^{100}$.

六、证明题(每题 6 分,共 12 分)

1. 设 $\boldsymbol{A}$ 为 n 阶方阵,证明 $R(\boldsymbol{A}+\boldsymbol{E})+R(\boldsymbol{A}-\boldsymbol{E})\geqslant n$.

2. 设有 n 维向量组 $A:\boldsymbol{\alpha}_1,\boldsymbol{\alpha}_2,\cdots,\boldsymbol{\alpha}_n$,证明它们线性无关的充分必要条件是:任一 n 维向量都可以由它们线性表示.

线性代数模拟卷（二）

课程名称＿＿＿＿＿＿＿＿ 开课学院＿＿＿＿＿＿＿＿

使用班级＿＿＿＿＿＿＿＿ 考试日期＿＿＿＿＿＿＿＿

学生所在学院＿＿＿＿＿＿ 专业、班级＿＿＿＿＿＿ 学号＿＿＿＿＿＿ 姓名＿＿＿＿＿＿

题　　号	一	二	三	四	五	六	总分	核查人签名
得　　分								
阅卷教师								

一、判断题(每题 2 分,共 10 分)

1. 任意两个行列式都可以相乘.　（　　）

2. 若 $\boldsymbol{A},\boldsymbol{B}$ 都是 n 阶方阵,且 $\boldsymbol{A}\neq\boldsymbol{B}$,则 $|\boldsymbol{A}|\neq|\boldsymbol{B}|$.　（　　）

3. 设 $\boldsymbol{A}$ 是 n 阶矩阵,$\boldsymbol{\alpha}$ 是 n 维列向量,若 $R\begin{pmatrix}\boldsymbol{A} & \boldsymbol{\alpha}\\ \boldsymbol{\alpha}^{\mathrm{T}} & \boldsymbol{0}\end{pmatrix}=R(\boldsymbol{A})$,则线性方程组 $\begin{pmatrix}\boldsymbol{A} & \boldsymbol{\alpha}\\ \boldsymbol{\alpha}^{\mathrm{T}} & \boldsymbol{0}\end{pmatrix}\begin{pmatrix}x\\ y\end{pmatrix}=\boldsymbol{0}$ 必有非零解.　（　　）

4. 向量组 $\boldsymbol{\alpha}_1=(2,-1,7,3)^{\mathrm{T}},\boldsymbol{\alpha}_2=(1,4,11,-2)^{\mathrm{T}},\boldsymbol{\alpha}_3=(3,-6,3,8)^{\mathrm{T}}$ 线性相关.　（　　）

5. n 阶方阵 $\boldsymbol{A}$ 可对角化,则 $\boldsymbol{A}$ 必有 n 个不同的特征值.　（　　）

二、填空题(每题 3 分,共 15 分)

1. 设 n 阶行列式 D 的值为 a,若将 D 的所有元素改变符号,则得到的行列式的值为＿＿＿＿＿＿.

2. 设二阶方阵 $\boldsymbol{A}=\begin{pmatrix}a & c\\ b & d\end{pmatrix}$,$\boldsymbol{A}^*$ 是 $\boldsymbol{A}$ 的伴随矩阵,那么 $\boldsymbol{A}^*=$＿＿＿＿＿＿,如果 $\boldsymbol{A}$ 可逆,那么,$\boldsymbol{A}^{-1}=$＿＿＿＿＿＿.

3. n 元非齐次线性方程组 $\boldsymbol{A}_{m\times n}\boldsymbol{X}_{n\times 1}=\boldsymbol{b}$ 有解的充分必要条件为＿＿＿＿＿＿.

4. 若向量组 $\boldsymbol{\alpha}_1,\boldsymbol{\alpha}_2,\boldsymbol{\alpha}_3,\boldsymbol{\alpha}_4$ 与向量组 $\boldsymbol{\beta}_1,\boldsymbol{\beta}_2,\boldsymbol{\beta}_3$ 等价,则 $\boldsymbol{\alpha}_1,\boldsymbol{\alpha}_2,\boldsymbol{\alpha}_3,\boldsymbol{\alpha}_4$ 线性＿＿＿＿＿＿.

5. 设 3 阶方阵 $\boldsymbol{A}$ 有特征值为 0,1,2,则行列式 $|2\boldsymbol{A}+\boldsymbol{E}|=$＿＿＿＿＿＿.

三、计算题一(每题 8 分,共 40 分)

1. $D=\begin{vmatrix} 3 & 1 & 0 & 0 \\ 0 & 3 & 1 & 0 \\ 0 & 0 & 3 & 1 \\ 3 & 3 & 3 & 3 \end{vmatrix}$.

2. $D_n=\begin{vmatrix} 1 & 2 & 3 & \cdots & n-1 & n \\ 2 & 1 & 3 & \cdots & n-1 & n \\ 2 & 3 & 1 & \cdots & n-1 & n \\ \vdots & \vdots & \vdots & & \vdots & \vdots \\ 2 & 3 & 4 & \cdots & 1 & n \\ 2 & 3 & 4 & \cdots & n & 1 \end{vmatrix}$.

3. 设 $\boldsymbol{A}=\begin{pmatrix}2 & 0 & 0\\ 0 & 3 & 2\\ 0 & 0 & 3\end{pmatrix}$，求 $|2\boldsymbol{A}^{-1}+\boldsymbol{E}|$.

4. 设 $\boldsymbol{A}=\begin{pmatrix} 1 & 3\\ -1 & 1\\ 1 & 1\\ -1 & 3\end{pmatrix}$，$\boldsymbol{B}=\begin{pmatrix}2 & 1 & 3\\ 0 & 1 & -1\\ 1 & 0 & 2\\ 1 & 2 & 0\end{pmatrix}$，分别求矩阵 $\boldsymbol{A}$，$\boldsymbol{B}$，以及 $(\boldsymbol{A},\boldsymbol{B})$ 的秩.

5. 求向量组 $\boldsymbol{\alpha}_1=(2,4,2)^{\mathrm{T}},\boldsymbol{\alpha}_2=(1,1,0)^{\mathrm{T}},\boldsymbol{\alpha}_3=(2,3,1)^{\mathrm{T}},\boldsymbol{\alpha}_4=(3,5,2)^{\mathrm{T}}$ 的一个最大线性无关组,并用该最大线性无关组表示其余向量.

四、计算题二(每题 9 分,共 9 分)

1. 设 $\boldsymbol{A}$ 是 3 阶实对称矩阵,且 $\boldsymbol{A}$ 的特征值为 1,4,0,$\boldsymbol{\alpha}_1=(-1,-1,1)^{\mathrm{T}},\boldsymbol{\alpha}_2=(1,-2,-1)^{\mathrm{T}}$ 分别是属于特征值 1,4 的特征向量.

(1) 求属于特征值 0 的特征向量;

(2) 求出矩阵 $\boldsymbol{A}$.

五、计算题三(每题 14 分,共 14 分)

1. 设二次型 $f(x,y,z)=-2x^2-2y^2-2z^2+2xy+2yz+2zx$.

(1) 写出该二次型对应的矩阵 $\boldsymbol{A}$;

(2) 求正交矩阵 $\boldsymbol{Q}$,使得 $\boldsymbol{Q}^{-1}\boldsymbol{A}\boldsymbol{Q}=\boldsymbol{Q}^{\mathrm{T}}\boldsymbol{A}\boldsymbol{Q}$ 为对角形矩阵,并利用正交变换 $\boldsymbol{X}=\boldsymbol{Q}\boldsymbol{Y}$ 将该二次型化为标准形.

六、证明题(每题 6 分,共 12 分)

1. 设列矩阵 $\boldsymbol{X}=(x_1,x_2,\cdots,x_n)^{\mathrm{T}}$ 满足 $\boldsymbol{X}^{\mathrm{T}}\boldsymbol{X}=1$,$\boldsymbol{E}$ 为 n 阶单位矩阵,$\boldsymbol{H}=\boldsymbol{E}-2\boldsymbol{X}\boldsymbol{X}^{\mathrm{T}}$.证明:$\boldsymbol{H}$ 是对称矩阵,且 $\boldsymbol{H}\boldsymbol{H}^{\mathrm{T}}=\boldsymbol{E}$.

2. 设向量组 $\boldsymbol{\alpha}_1,\boldsymbol{\alpha}_2,\cdots,\boldsymbol{\alpha}_m$ 线性无关,求证:若 $\boldsymbol{\beta}=l_1\boldsymbol{\alpha}_1+l_2\boldsymbol{\alpha}_2+\cdots+l_m\boldsymbol{\alpha}_m$ 且 $l_i\neq 0(i=1,2,\cdots,m)$则 $\boldsymbol{\alpha}_1,\cdots,\boldsymbol{\alpha}_{i-1},\boldsymbol{\beta},\boldsymbol{\alpha}_{i+1},\cdots,\boldsymbol{\alpha}_m$ 线性无关.

参考答案

第一章

一、判断题

1. × 2. × 3. × 4. √ 5. × 6. √ 7. √ 8. × 9. √ 10. √ 11. × 12. × 13. √ 14. √ 15. ×

二、填空题

1. 7.

2. 一.

3. 5.

4. 21.

5. 2.

6. $(-1)^n a$.

7. -48.

8. 0,0.

9. 4.

10. -45.

11. 9.

12. $\frac{n!}{2}$.

13. 0.

14. 0.

15. 二.

三、计算题

1. 0.

2. 0.

3. 60.

4. 0.

5. 48.

6. 0.

7. -4×10^7.

8. 4.

9. 16.

10. 12.

11. $a_{14}a_{23}a_{32}a_{41}$.

12. 0.

13. 40.

14. $1+2x+3x^2+4x^3$.

15. 160.

16. 4.

17. 0.

18. 48.

19. -20.

20. $\alpha^4+\alpha^3\beta+\alpha^2\beta^2+\alpha\beta^3+\beta^4$.

21. 200.

22. $abcd-bc$.

23. 310.

24. $[a+(n-1)b](a-b)^{n-1}$.

25. $1+2x+3x^2+\cdots+nx^{n-1}$.

26. $(a_1+a_2+\cdots+\lambda)\lambda^{n-1}$.

27. 1.

28. $a^{n-2}(a^2-1)$.

29. $\left(1+\frac{1}{a_1}+\cdots+\frac{1}{a_n}\right)a_1a_2\cdots a_n$.

30. $(-1)^{n-1}\frac{n(n+1)}{2}(n-1)!$.

31. $n+1$.

32. $n+1$.

33. $a_0+a_1x+a_2x^2+\cdots+a_{n-1}x^{n-1}$.

34. a^n-a^{n-2}.

35. $a_1a_2\cdots a_n\sum_{i=1}^{n}\frac{b_i}{a_i}$.

第二章

一、判断题

1. × 2. × 3. × 4. √ 5. × 6. × 7. × 8. × 9. × 10. × 11. × 12. √ 13. √ 14. × 15. ×

二、填空题

1. -3, $\begin{pmatrix}-1 & -1 & -1\\ -1 & -1 & -1\\ -1 & -1 & -1\end{pmatrix}$, 9.

2. $ad \neq bc$, $\frac{1}{ad-bc}\begin{pmatrix} d & -b \\ -c & a \end{pmatrix}$.

3. $\begin{pmatrix} 1 & & & \\ & \frac{1}{2} & & \\ & & \frac{1}{3} & \\ & & & \frac{1}{4} \end{pmatrix}$.

4. $\begin{pmatrix} 1 & -2 & 0 & 0 \\ -2 & 5 & 0 & 0 \\ 0 & 0 & 2 & -3 \\ 0 & 0 & -5 & 8 \end{pmatrix}$.

5. 3^6, $\frac{1}{3}$, 9.

6. 2^{n+1}, 2^{n-1}.

7. $\frac{1}{4}$.

8. $x \neq \frac{2}{3}y$.

9. $3\boldsymbol{E}$.

10. $\begin{pmatrix} -5 & 0 & -1 \\ 0 & -6 & 0 \\ 0 & 0 & -7 \end{pmatrix}$.

11. -1, $\begin{pmatrix} -1 & -1 & -2 \\ 2 & 2 & 4 \\ -1 & -1 & -2 \end{pmatrix}$, $\begin{pmatrix} -1 & -1 & -2 \\ 2 & 2 & 4 \\ -1 & -1 & -2 \end{pmatrix}$.

12. $\begin{pmatrix} d & -c \\ -b & a \end{pmatrix}$, $\frac{1}{ad-bc}\begin{pmatrix} d & -c \\ -b & a \end{pmatrix}$.

13. $\frac{\boldsymbol{A}}{|\boldsymbol{A}|}$.

14. $\frac{\boldsymbol{A}-\boldsymbol{E}}{3}$.

15. $\begin{pmatrix} 1 & -1 & 0 & 0 \\ -1 & 2 & 0 & 0 \\ 0 & 0 & 3 & -1 \\ 0 & 0 & -5 & 2 \end{pmatrix}$.

三、计算题

1. $\begin{pmatrix} 2 & 1 & 0 & 0 \\ -2 & 2 & 1 & 1 \end{pmatrix}$.

2. $\begin{pmatrix} 0 & 1 & 2 \\ -1 & 3 & 1 \end{pmatrix}$.

3. $\boldsymbol{\alpha}^{T}\boldsymbol{\alpha}=(1\quad 2\quad 1)\begin{pmatrix}1\\2\\1\end{pmatrix}=(6)$, $\boldsymbol{\alpha}\boldsymbol{\alpha}^{T}=\begin{pmatrix}1\\2\\1\end{pmatrix}(1\quad 2\quad 1)=\begin{pmatrix}1&2&1\\2&4&2\\1&2&1\end{pmatrix}$,

$\boldsymbol{\alpha}\boldsymbol{\alpha}^{T}\boldsymbol{\alpha}=6\boldsymbol{\alpha}=\begin{pmatrix}6\\12\\6\end{pmatrix}$, $(\boldsymbol{\alpha}\boldsymbol{\alpha}^{T})^{101}=6^{100}\boldsymbol{\alpha}\boldsymbol{\alpha}^{T}=6^{100}\begin{pmatrix}1&2&1\\2&4&2\\1&2&1\end{pmatrix}$.

4. $\boldsymbol{AB}=\begin{pmatrix}0&14&-3\\17&13&10\end{pmatrix}$, $(\boldsymbol{AB})^{T}=\begin{pmatrix}0&17\\14&13\\-3&10\end{pmatrix}$.

5. $\boldsymbol{AB}=\begin{pmatrix}6&1&12\\1&1&-3\\14&6&6\end{pmatrix}$, $\boldsymbol{BA}=\begin{pmatrix}10&19\\7&3\end{pmatrix}$.

6. $\begin{pmatrix}0&5&8\\0&-5&6\\2&9&0\end{pmatrix}$.

7. $\boldsymbol{A}^{n}=\begin{cases}\boldsymbol{A}, & n=1\\ \begin{pmatrix}0&0&6\\0&0&0\\0&0&0\end{pmatrix}, & n=2.\\ \boldsymbol{0}, & n\geqslant 3\end{cases}$

8. 0.

9. $\begin{pmatrix}0&0\\0&0\end{pmatrix}$.

10. $\boldsymbol{B}=\begin{pmatrix}a&b&c\\0&a&b\\0&0&a\end{pmatrix}$.

11. 当 $x=4$ 或 $x=-5$ 时,$\boldsymbol{A}$ 不可逆;当 $x\neq4$ 且 $x\neq-5$ 时,$\boldsymbol{A}$ 可逆.

12. $\boldsymbol{A}^{-1}=-\dfrac{1}{3}\begin{pmatrix}-1&0&0\\0&21&-15\\0&-9&6\end{pmatrix}=\begin{pmatrix}\dfrac{1}{3}&0&0\\0&-7&5\\0&3&-2\end{pmatrix}$.

13. $|2\boldsymbol{A}^{-1}+\boldsymbol{E}|=\dfrac{50}{9}$.

14. $x=-3$.

15. (1) $A=\begin{pmatrix}2&0&1\\0&3&0\\1&0&2\end{pmatrix}$;

(2) $A^{-1}=\frac{1}{9}\begin{pmatrix}6&0&-3\\0&3&0\\-3&0&6\end{pmatrix}=\begin{pmatrix}\frac{2}{3}&0&-\frac{1}{3}\\0&\frac{1}{3}&0\\-\frac{1}{3}&0&\frac{2}{3}\end{pmatrix}$.

16. $X=\begin{pmatrix}3&-5\\-1&2\end{pmatrix}\begin{pmatrix}4&-6\\2&1\end{pmatrix}=\begin{pmatrix}2&-23\\0&8\end{pmatrix}$.

17. $B=2(A-E)^{-1}=\begin{pmatrix}1&-1\\1&1\end{pmatrix}$.

18. $X=(A-2E)^{-1}B=-\begin{pmatrix}-1&0&0\\0&2&1\\0&-1&-1\end{pmatrix}\begin{pmatrix}3&6\\1&1\\2&3\end{pmatrix}=\begin{pmatrix}3&6\\-4&-5\\3&4\end{pmatrix}$.

19. $B^{-1}=\frac{1}{24}\begin{pmatrix}2&-20\\0&12\end{pmatrix}$.

20. $B=6(A^{-1}-E)^{-1}=6\begin{pmatrix}\frac{1}{2}&0&0\\0&\frac{1}{3}&0\\0&0&\frac{1}{6}\end{pmatrix}=\begin{pmatrix}3&0&0\\0&2&0\\0&0&1\end{pmatrix}$.

21. $|B|=|(A-E)^{-1}|=\frac{1}{|A-E|}=\frac{1}{2}$.

22. $X=A+E=\begin{pmatrix}2&0&1\\0&3&0\\1&0&2\end{pmatrix}$.

23. $A^n=3^{n-1}\begin{pmatrix}1&\frac{1}{2}&\frac{1}{3}\\2&1&\frac{2}{3}\\3&\frac{3}{2}&1\end{pmatrix}$.

24. $\begin{pmatrix}1&0&0\\0&2^{100}&0\\0&0&2^{100}\end{pmatrix}$.

25. $f(A)=\begin{pmatrix}0&0\\0&0\end{pmatrix}$.

26. $f(A)=A^3-2A+5E=\begin{pmatrix}4&&\\&9&\\&&26\end{pmatrix}$, $f(B)=B^3-2B+5E=\begin{pmatrix}9&0&0\\0&4&1\\0&0&4\end{pmatrix}$.

27. $A^n=\begin{pmatrix}2-2^n & 2^n-1\\ 2-2^{n+1} & 2^{n+1}-1\end{pmatrix}$.

28. $\frac{1}{3}\begin{pmatrix}1+2^{13} & 4+2^{13}\\ -1-2^{11} & -4-2^{11}\end{pmatrix}=\begin{pmatrix}2\ 731 & 2\ 732\\ -683 & -684\end{pmatrix}$.

29. (1) $\|\boldsymbol{A}|\boldsymbol{A}|=|-2\boldsymbol{A}|=(-2)^3\times(-2)=16$;

(2) $|\boldsymbol{A}^{-1}|=\frac{1}{|\boldsymbol{A}|}=-\frac{1}{2}$;

(3) $|\boldsymbol{A}^*|=\|\boldsymbol{A}|\boldsymbol{A}^{-1}|=|-2\boldsymbol{A}^{-1}|=(-2)^3\times\left(-\frac{1}{2}\right)=4$;

(4) $|\boldsymbol{A}^{-1}+2\boldsymbol{A}^*|=|-3\boldsymbol{A}^{-1}|=(-3)^3\times\left(-\frac{1}{2}\right)=\frac{27}{2}$.

30. $\boldsymbol{A}=\begin{pmatrix}1 & 0 & 0\\ 6 & -1 & -1\\ 2 & 0 & 0\end{pmatrix}$, $\boldsymbol{A}^5=\boldsymbol{PB}^5\boldsymbol{P}^{-1}=\boldsymbol{PBP}^{-1}=\boldsymbol{A}=\begin{pmatrix}1 & 0 & 0\\ 6 & -1 & -1\\ 2 & 0 & 0\end{pmatrix}$.

四、证明题(略)

第三章

一、判断题:

1. √　2. ×　3. √　4. √　5. ×　6. √　7. ×　8. √　9. ×　10. √　11. √　12. √　13. √　14. √　15. √

二、填空题

1. $R(\boldsymbol{A})=R(\boldsymbol{A},\boldsymbol{b})=n$.

2. $R(\boldsymbol{A})=R(\boldsymbol{A},\boldsymbol{b})<n$.

3. $R(\boldsymbol{A})<R(\boldsymbol{A},\boldsymbol{b})$或$R(\boldsymbol{A})\neq R(\boldsymbol{A},\boldsymbol{b})$.

4. $R(\boldsymbol{A})=R(\boldsymbol{A},\boldsymbol{b})$.

5. $R(\boldsymbol{A})<n$.

6. $R(\boldsymbol{A})=n$.

7. 3.

8. 3.

9. $\begin{pmatrix}1 & 0\\ 0 & 1\end{pmatrix}$.

10. 3.

11. 3.

12. 4.

13. 5.

14. n.

15. n.

三、计算题

1. $\begin{pmatrix}1&0&3&2&0\\0&1&2&-1&0\\0&0&0&0&1\\0&0&0&0&0\end{pmatrix}$, $R(\boldsymbol{A})=3$.

2. $\begin{pmatrix}1&-1&0&2&-3\\0&0&1&-2&2\\0&0&0&0&0\\0&0&0&0&0\end{pmatrix}$, $R(\boldsymbol{A})=2$.

3. $\boldsymbol{X}=\begin{pmatrix}-1&0&-2\\-4&-1&-2\\2&0&1\end{pmatrix}$.

4. $\boldsymbol{X}=\begin{pmatrix}-4&6\\0&1\\-3&4\end{pmatrix}$.

5. (1) 当 $k=1$ 时, $R(\boldsymbol{A})=1$;
(2) 当 $k=-2$ 时, $R(\boldsymbol{A})=2$;
(3) 当 $k\neq1$ 且 $k\neq-2$ 时, $R(\boldsymbol{A})=3$.

6. (1) 当 $k=1$ 时, $R(\boldsymbol{A})=1$;
(2) 当 $k=-2$ 时, $R(\boldsymbol{A})=2$;
(3) 当 $k\neq1$ 且 $k\neq-2$ 时, $R(\boldsymbol{A})=3$.

7. $R(\boldsymbol{A})=2$, $R(\boldsymbol{B})=3$.

8. $\lambda=5$, $\mu=1$.

9. (1) 当 $a=-2$ 或 $a=1$ 时, $R(\boldsymbol{A})=2$;
(2) 当 $a\neq-2$ 且 $a\neq1$ 时, $R(\boldsymbol{A})=3$.

10. $R(\boldsymbol{A})=R(\boldsymbol{A},\boldsymbol{B})=R(\boldsymbol{B})=2$.

11. 当 $\lambda\neq0$, 且 $\lambda\neq-3$ 时, $R(\boldsymbol{A})=R(\boldsymbol{B})=3$, 方程组有唯一解.
当 $\lambda=0$ 时, $R(\boldsymbol{A})=1$, $R(\boldsymbol{B})=2$, 无解.
当 $\lambda=-3$ 时, $R(\boldsymbol{A})=R(\boldsymbol{B})=2$, 有无穷多解, 通解为 $\begin{pmatrix}x_1\\x_2\\x_3\end{pmatrix}=c\begin{pmatrix}1\\1\\1\end{pmatrix}+\begin{pmatrix}-1\\-2\\0\end{pmatrix}$ $(c\in\mathbf{R})$.

12. 当 $t\neq5$ 时, 只有零解.
当 $t=5$ 时, 有非零解, 通解为 $\begin{pmatrix}x_1\\x_2\\x_3\end{pmatrix}=c\begin{pmatrix}1\\-2\\1\end{pmatrix}$ $(c\in\mathbf{R})$.

13. (1) 当 $a\neq1$ 时, $R(\boldsymbol{A})=R(\boldsymbol{B})=4$, 方程组有唯一解;
(2) 当 $a=1, b\neq-2$ 时, 无解;

(3) 当 $a=1,b=-2$ 时,有无穷多解,通解为 $\begin{pmatrix}x_1\\x_2\\x_3\\x_4\end{pmatrix}=c_1\begin{pmatrix}1\\-2\\1\\0\end{pmatrix}+c_2\begin{pmatrix}1\\-2\\0\\1\end{pmatrix}+\begin{pmatrix}-1\\1\\0\\0\end{pmatrix}(c_1,c_2\in\mathbf{R})$.

14. 当 $\lambda=0$ 或 $\lambda=2$ 或 $\lambda=3$ 时,有非零解.

(1) 当 $\lambda=0$ 时,$\boldsymbol{A}\sim\begin{pmatrix}1&0&2\\0&1&-1\\0&0&0\end{pmatrix}$,解为 $\begin{pmatrix}x_1\\x_2\\x_3\end{pmatrix}=c\begin{pmatrix}-2\\1\\1\end{pmatrix}(c\in\mathbf{R})$.

(2) 当 $\lambda=2$ 时,$\boldsymbol{A}\sim\begin{pmatrix}1&0&2\\0&1&-3\\0&0&0\end{pmatrix}$,解为 $\begin{pmatrix}x_1\\x_2\\x_3\end{pmatrix}=c\begin{pmatrix}-2\\3\\1\end{pmatrix}(c\in\mathbf{R})$.

(3) 当 $\lambda=3$ 时,$\boldsymbol{A}\sim\begin{pmatrix}1&0&\frac{1}{2}\\0&1&-\frac{5}{2}\\0&0&0\end{pmatrix}$,解为 $\begin{pmatrix}x_1\\x_2\\x_3\end{pmatrix}=c\begin{pmatrix}-\frac{1}{2}\\\frac{5}{2}\\1\end{pmatrix}(c\in\mathbf{R})$.

15. $\begin{pmatrix}x_1\\x_2\\x_3\\x_4\end{pmatrix}=c_1\begin{pmatrix}2\\-2\\1\\0\end{pmatrix}+c_2\begin{pmatrix}\frac{5}{3}\\-\frac{4}{3}\\0\\1\end{pmatrix}(c_1,c_2\in\mathbf{R})$.

16. $\begin{pmatrix}x_1\\x_2\\x_3\\x_4\end{pmatrix}=c_1\begin{pmatrix}\frac{3}{2}\\\frac{3}{2}\\1\\0\end{pmatrix}+c_2\begin{pmatrix}-\frac{3}{4}\\\frac{7}{4}\\0\\1\end{pmatrix}+\begin{pmatrix}\frac{5}{4}\\-\frac{1}{4}\\0\\0\end{pmatrix}(c_1,c_2\in\mathbf{R})$.

17. $\begin{pmatrix}x_1\\x_2\\x_3\\\vdots\\x_n\end{pmatrix}=\begin{pmatrix}1-n\\n\\0\\\vdots\\0\end{pmatrix}+c_1\begin{pmatrix}1\\-2\\1\\\vdots\\0\end{pmatrix}+\cdots+c_{n-2}\begin{pmatrix}n-2\\1-n\\0\\\vdots\\1\end{pmatrix}(c_1,\cdots,c_{n-2}\in\mathbf{R})$.

18. $\begin{pmatrix}1&0&-1&0&1\\0&1&-1&0&0\\0&0&0&1&0\\0&0&0&0&0\end{pmatrix}$,$R(\boldsymbol{A})=3$.

19. $\boldsymbol{X}=\begin{pmatrix}-1&-5\\0&1\\1&3\end{pmatrix}$.

20. (1) 当 $t=1$ 时，$R(\mathbf{A})=2$；

(2) 当 $t\neq 1$ 时，$R(\mathbf{A})=3$.

21. (1) 当 $a\neq 1$ 时 $R(\mathbf{A})=R(\boldsymbol{B})=4$,方程组有唯一解.

(2) 当 $a=1,b\neq -1$，无解.

(3) 当 $a=1,b=-1$ 时,有无穷多解,通解为 $\begin{pmatrix}x_1\\x_2\\x_3\\x_4\end{pmatrix}=c_1\begin{pmatrix}1\\-2\\1\\0\end{pmatrix}+c_2\begin{pmatrix}1\\-2\\0\\1\end{pmatrix}+\begin{pmatrix}-1\\1\\0\\0\end{pmatrix}(c_1,c_2\in\mathbf{R})$.

22. $\begin{pmatrix}x_1\\x_2\\x_3\\x_4\end{pmatrix}=c_1\begin{pmatrix}-\frac{3}{2}\\\frac{7}{2}\\1\\0\end{pmatrix}+c_2\begin{pmatrix}-1\\-2\\0\\1\end{pmatrix}(c_1,c_2\in\mathbf{R})$.

23. $x_1=5$，$x_2=0$，$x_3=3$.

四、证明题(略)

第四章

一、判断题

1. × 2. √ 3. × 4. √ 5. √ 6. √ 7. × 8. √ 9. √ 10. √ 11. × 12. × 13. × 14. √ 15. ×

二、填空题

1. 5.

2. $r\leqslant s$.

3. $\neq\frac{5}{2}$.

4. 线性无关.

5. 线性相关.

6. 3.

7. 相关.

8. 充分.

9. 1.

10. r.

11. 4,2.

12. 无关.

13. 相关.

14. 无数个.

15. $abc=0$.

三、计算题

1. $c_1=-3, c_2=\frac{5}{3}, c_3=0, c_4=-\frac{1}{3}$. $\boldsymbol{\gamma}=\left(-3,\frac{5}{3},0,-\frac{1}{3}\right)^{\mathrm{T}}$.

2. $\boldsymbol{b}=c\boldsymbol{a}_1-(1+c)\boldsymbol{a}_2$，其中 $c\in\mathbf{R}$.

3. $3\boldsymbol{\alpha}-2\boldsymbol{\beta}=(5,6,3,2)^{\mathrm{T}}$.

4. $\boldsymbol{\alpha}=\left(1,\frac{4}{5},\frac{7}{5}\right)^{\mathrm{T}}, \boldsymbol{\beta}=\left(1,\frac{6}{5},\frac{13}{5}\right)^{\mathrm{T}}$.

5. 当 $a=15$ 时，$\boldsymbol{\beta}$ 可由 $\boldsymbol{\alpha}_1,\boldsymbol{\alpha}_2,\boldsymbol{\alpha}_3$ 线性表示；当 $a\neq15$ 时，$\boldsymbol{\beta}$ 不能由 $\boldsymbol{\alpha}_1,\boldsymbol{\alpha}_2,\boldsymbol{\alpha}_3$ 线性表示.

6. $\boldsymbol{\alpha}_1=\frac{1}{2}(\boldsymbol{\beta}_1+\boldsymbol{\beta}_2), \boldsymbol{\alpha}_2=\frac{1}{2}(\boldsymbol{\beta}_2+\boldsymbol{\beta}_3), \boldsymbol{\alpha}_3=\frac{1}{2}(\boldsymbol{\beta}_1+\boldsymbol{\beta}_3)$.

7. 向量组线性无关.

8. $\boldsymbol{Ax}=\boldsymbol{b}$ 的通解为 $\boldsymbol{x}=k\begin{pmatrix}1\\-2\\1\\0\end{pmatrix}+\begin{pmatrix}1\\1\\1\\1\end{pmatrix}$，其中 k 为任意实数.

9. 可以，$\boldsymbol{\beta}=\frac{3}{2}\boldsymbol{\alpha}_1-\boldsymbol{\alpha}_3$.

10. $\boldsymbol{\alpha}_1,\boldsymbol{\alpha}_2,\boldsymbol{\alpha}_3,\boldsymbol{\alpha}_4$ 的最大线性无关组为 $\boldsymbol{\alpha}_1,\boldsymbol{\alpha}_2$，且 $\boldsymbol{\alpha}_3=\frac{1}{2}\boldsymbol{\alpha}_1+\boldsymbol{\alpha}_2, \boldsymbol{\alpha}_4=\boldsymbol{\alpha}_1+\boldsymbol{\alpha}_2$.

11. 秩为 3，最大线性无关组为 $\boldsymbol{\alpha}_1,\boldsymbol{\alpha}_2,\boldsymbol{\alpha}_4$.

12. 向量组 $\boldsymbol{\alpha}_1,\boldsymbol{\alpha}_2,\boldsymbol{\alpha}_3$ 的秩为 2，线性相关.

13. 基础解系为 $\boldsymbol{\eta}_1=(2,1,0,0)^{\mathrm{T}}, \boldsymbol{\eta}_2=(2,0,-5,7)^{\mathrm{T}}$.

14. 对应的齐次线性方程组的基础解系为 $\boldsymbol{\eta}_1=(-1,0,1,0,0)^{\mathrm{T}}$，$\boldsymbol{\eta}_2=\left(-\frac{1}{3},\frac{5}{3},0,1,0\right)^{\mathrm{T}}$，$\boldsymbol{\eta}_3=(0,-1,0,0,1)^{\mathrm{T}}$. 非齐次线性方程组的通解 $\boldsymbol{x}=\boldsymbol{\gamma}_0+k_1\boldsymbol{\eta}_1+k_2\boldsymbol{\eta}_2+k_3\boldsymbol{\eta}_3$，其中 $\boldsymbol{\gamma}_0=\left(\frac{1}{3},\frac{4}{3},0,0,0\right)^{\mathrm{T}}$，$k_1,k_2,k_3\in\mathbf{R}$.

15. 通解 $\boldsymbol{x}=(2+4k,3+5k,4+6k,5+7k)^{\mathrm{T}}, k\in\mathbf{R}$.

16. 不能；$\boldsymbol{B}$ 的第 1,2,4 列线性无关，构成(1)的基础解系.

17. $\boldsymbol{B}=\begin{pmatrix}1&0\\5&2\\8&1\\0&1\end{pmatrix}$.

18. $\boldsymbol{P}=\begin{pmatrix}2&3&4\\0&-1&0\\-1&0&-1\end{pmatrix}$. $\boldsymbol{x}$ 在后一组基中的坐标为 $\begin{pmatrix}-8\\-1\\5\end{pmatrix}$.

19. 通解为 $\boldsymbol{x}=\boldsymbol{\eta}^{*}+c_1\boldsymbol{\eta}_1+c_2\boldsymbol{\eta}_2+c_3\boldsymbol{\eta}_3$，其中 $\boldsymbol{\eta}_1=\begin{pmatrix}-\frac{1}{2}\\-\frac{1}{2}\\1\\0\\0\end{pmatrix}$，$\boldsymbol{\eta}_2=\begin{pmatrix}\frac{7}{2}\\-\frac{3}{2}\\0\\1\\0\end{pmatrix}$，$\boldsymbol{\eta}_3=\begin{pmatrix}-\frac{1}{2}\\-\frac{1}{2}\\0\\0\\1\end{pmatrix}$，

$\boldsymbol{\eta}^{*}=\begin{pmatrix}\frac{3}{2}\\\frac{1}{2}\\0\\0\\0\end{pmatrix}$，$c_1,c_2,c_3$ 为任意的实数.

20. (1) 当 $\alpha=-4,\beta\neq0$ 时，向量 $\boldsymbol{b}$ 不能由向量组 A 线性表示；

(2) 当 $\alpha\neq-4$ 时，向量 $\boldsymbol{b}$ 能由向量组 A 线性表示，且表示方法唯一；

(3) 当 $\alpha=-4,\beta=0$ 时，向量 $\boldsymbol{b}$ 能由向量组 A 线性表示，且表示方法不唯一，$\boldsymbol{b}=k\boldsymbol{\alpha}_1-(1+2k)\boldsymbol{\alpha}_2+\boldsymbol{\alpha}_3$，其中 k 为任意实数.

四、证明题(略)

第五章

一、判断题

1. × 2. × 3. √ 4. √ 5. √ 6. × 7. √ 8. × 9. × 10. √ 11. √ 12. √ 13. × 14. × 15. √

二、填空题

1. 0.

2. $\pm\begin{pmatrix}\frac{1}{\sqrt{6}}\\\frac{1}{\sqrt{6}}\\-\frac{2}{\sqrt{6}}\end{pmatrix}$.

3. $-\frac{1}{2}$.

4. 15.

5. 0.

6. 40.

7. 1.

8. $\begin{pmatrix} 1 & 1 & 0 \\ 1 & 3 & 2 \\ 0 & 2 & 3 \end{pmatrix}$.

9. $t>1$.

10. 1.

11. 10.

12. 2.

13. 1.

14. ± 2.

15. $x_1^2-2y_1^2+3z_1^2$.

三、计算题一

1. (1) $\boldsymbol{A}^{-1}$有特征值$\frac{1}{2},\frac{1}{3},-1$；(2) $|6\boldsymbol{A}^{-1}+2\boldsymbol{A}^*-\boldsymbol{E}|=60$.

2. (1) $\boldsymbol{A}$ 的另一个特征值$\lambda_3=-2$；(2) $|\boldsymbol{A}^2+2\boldsymbol{A}+2\boldsymbol{E}|=100$.

3. (1) $x=4,y=5$；(2) $|\boldsymbol{A}-2\boldsymbol{E}|=-54$.

4. (1) $a=5,b=6$；(2) $|6\boldsymbol{A}^{-1}+\boldsymbol{E}|=32$.

5. (1) $\boldsymbol{A}$ 的特征值$\lambda_1=\lambda_2=-1,\lambda_3=k$；(2) $a=-2$，$k=-1$.

6. (1) $\boldsymbol{A}$ 的另一个特征值$\lambda_3=-1$；(2) $t=0$.

7. (1) $\boldsymbol{A}$ 的特征值$\lambda_1=\lambda_2=6,\lambda_3=-2$；(2) $a=0$.

8. (1) $\boldsymbol{A}$ 的属于特征值-1 的特征向量为 $k_1\begin{pmatrix}1\\1\\0\end{pmatrix}+k_2\begin{pmatrix}1\\0\\1\end{pmatrix}$ (k_1,k_2 为不同时为 0 的任意实数)；(2) $\boldsymbol{A}=\begin{pmatrix} 0 & -1 & -1 \\ -1 & 0 & 1 \\ -1 & 1 & 0 \end{pmatrix}$.

9. (1) $\boldsymbol{A}$ 的另一个特征值为 0，属于特征值 0 的特征向量为 $k_1\begin{pmatrix}-1\\1\\1\end{pmatrix}$ (k_1 为不为 0 的任意实数)；(2) $\boldsymbol{A}=\begin{pmatrix} 4 & 2 & 2 \\ 2 & 4 & -2 \\ 2 & -2 & 4 \end{pmatrix}$.

10. (1) $\boldsymbol{A}$ 的属于特征值 0 的特征向量为 $k_1\begin{pmatrix}1\\0\\1\end{pmatrix}$ (k_1 为不为 0 的任意实数)；

(2) $\boldsymbol{A}=\begin{pmatrix} 1 & -1 & -1 \\ -1 & 3 & 1 \\ -1 & 1 & 1 \end{pmatrix}$.

11. (1) $\boldsymbol{A}$ 的属于特征值 3 的特征向量为 $k_1\begin{pmatrix}1\\1\\1\end{pmatrix}$($k_1$ 为不为 0 的任意实数);

(2) $\boldsymbol{A}=\begin{pmatrix}1&1&1\\1&1&1\\1&1&1\end{pmatrix}$.

12. $a=-3,b=0$,特征向量 $\boldsymbol{\xi}$ 对应的特征值 $\lambda=-1$.

13. $a=2,b=1$,特征向量 $\boldsymbol{\xi}$ 对应的特征值 $\lambda=-1$;或者 $a=-1,b=1$,特征向量 $\boldsymbol{\xi}$ 对应的特征值 $\lambda=2$.

14. (1) $\boldsymbol{A}$ 的另一个特征值为 0,属于特征值 3 的特征向量为 $k_1\begin{pmatrix}1\\1\\0\end{pmatrix}+k_2\begin{pmatrix}1\\0\\1\end{pmatrix}$($k_1,k_2$ 为不全为 0 的任意实数);(2) $\boldsymbol{A}=\begin{pmatrix}2&1&1\\1&2&-1\\1&-1&2\end{pmatrix}$.

15. (1) $a=0$,$\boldsymbol{A}$ 的特征值为 $\lambda_1=\lambda_2=1,\lambda_3=-1$;(2) $t=-1$.

四、计算题二

1. (1) $\boldsymbol{Q}=\begin{pmatrix}\frac{1}{\sqrt{2}}&-\frac{1}{\sqrt{2}}\\\frac{1}{\sqrt{2}}&\frac{1}{\sqrt{2}}\end{pmatrix}$,$\boldsymbol{Q}^{-1}\boldsymbol{AQ}=\boldsymbol{Q}^{\mathrm{T}}\boldsymbol{AQ}=\begin{pmatrix}1&\\&3\end{pmatrix}$;(2) $\boldsymbol{A}^n=\frac{1}{2}\begin{pmatrix}1+3^n&1-3^n\\1-3^n&1+3^n\end{pmatrix}$.

2. (1) $\boldsymbol{Q}=\begin{pmatrix}\frac{2}{\sqrt{5}}&-\frac{1}{\sqrt{5}}\\\frac{1}{\sqrt{5}}&\frac{2}{\sqrt{5}}\end{pmatrix}$,$\boldsymbol{Q}^{-1}\boldsymbol{AQ}=\boldsymbol{Q}^{\mathrm{T}}\boldsymbol{AQ}=\begin{pmatrix}-2&\\&3\end{pmatrix}$;(2) 令 $\boldsymbol{X}=\begin{pmatrix}x\\y\end{pmatrix}=\boldsymbol{QY}=\begin{pmatrix}\frac{2}{\sqrt{5}}&-\frac{1}{\sqrt{5}}\\\frac{1}{\sqrt{5}}&\frac{2}{\sqrt{5}}\end{pmatrix}\begin{pmatrix}x_1\\y_1\end{pmatrix}$,则 $f(x,y)=-(-2x_1^2+3y_1^2)=2x_1^2-3y_1^2$,所以 $x^2-2y^2+4xy=1$ 为双曲线.

3. (1) $\boldsymbol{A}=\begin{pmatrix}1&4\\1&1\end{pmatrix}$;(2) $\boldsymbol{P}=\begin{pmatrix}-2&2\\1&1\end{pmatrix}$,$\boldsymbol{P}^{-1}\boldsymbol{AP}=\begin{pmatrix}-1&\\&3\end{pmatrix}$;(3) $\boldsymbol{\alpha}_n=\boldsymbol{A}^n\boldsymbol{\alpha}_0=\begin{pmatrix}2\cdot 3^n\\3^n\end{pmatrix}$

4. (1) $\boldsymbol{A}=\begin{pmatrix}1-a&1+a&0\\1+a&1-a&0\\0&0&2\end{pmatrix}$;(2) $a=0$;(3) $\boldsymbol{Q}=\begin{pmatrix}\frac{1}{\sqrt{2}}&0&-\frac{1}{\sqrt{2}}\\\frac{1}{\sqrt{2}}&0&\frac{1}{\sqrt{2}}\\0&1&0\end{pmatrix}$.

5. (1) $\boldsymbol{A}=\begin{pmatrix}2 & 1 & 1\\ 1 & 2 & -1\\ 1 & -1 & a\end{pmatrix}$; (2) $a=2$; (3) $\boldsymbol{Q}=\begin{pmatrix}\frac{1}{\sqrt{2}} & \frac{1}{\sqrt{6}} & -\frac{1}{\sqrt{3}}\\ \frac{1}{\sqrt{2}} & -\frac{1}{\sqrt{6}} & \frac{1}{\sqrt{3}}\\ 0 & \frac{2}{\sqrt{6}} & \frac{1}{\sqrt{3}}\end{pmatrix}$.

6. (1) $\boldsymbol{Q}=\begin{pmatrix}1 & 0 & 0\\ 0 & -\frac{1}{\sqrt{2}} & \frac{1}{\sqrt{2}}\\ 0 & \frac{1}{\sqrt{2}} & \frac{1}{\sqrt{2}}\end{pmatrix}$; (2) 令 $\boldsymbol{X}=\boldsymbol{QY}$,则 $f(x_1,x_2,x_3)=y_1^2+y_2^2-y_3^2$.

7. (1) $\boldsymbol{Q}=\begin{pmatrix}\frac{1}{\sqrt{3}} & -\frac{1}{\sqrt{2}} & -\frac{1}{\sqrt{6}}\\ \frac{1}{\sqrt{3}} & \frac{1}{\sqrt{2}} & -\frac{1}{\sqrt{6}}\\ \frac{1}{\sqrt{3}} & 0 & \frac{2}{\sqrt{6}}\end{pmatrix}$; (2) 令 $\boldsymbol{X}=\boldsymbol{QY}$,则 $f(x_1,x_2,x_3)=3y_1^2$.

8. (1) $\boldsymbol{Q}=\begin{pmatrix}\frac{1}{\sqrt{3}} & -\frac{1}{\sqrt{2}} & -\frac{1}{\sqrt{6}}\\ \frac{1}{\sqrt{3}} & \frac{1}{\sqrt{2}} & -\frac{1}{\sqrt{6}}\\ \frac{1}{\sqrt{3}} & 0 & \frac{2}{\sqrt{6}}\end{pmatrix}$; (2) 令 $\boldsymbol{X}=\boldsymbol{QY}$,则 $f(x_1,x_2,x_3)=y_1^2-\frac{1}{2}y_2^2-\frac{1}{2}y_3^2$.

9. (1) $\boldsymbol{A}=\begin{pmatrix}-2 & 1 & 1\\ 1 & -2 & 1\\ 1 & 1 & -2\end{pmatrix}$; (2) $\boldsymbol{Q}=\begin{pmatrix}-\frac{1}{\sqrt{2}} & -\frac{1}{\sqrt{6}} & \frac{1}{\sqrt{3}}\\ \frac{1}{\sqrt{2}} & -\frac{1}{\sqrt{6}} & \frac{1}{\sqrt{3}}\\ 0 & \frac{2}{\sqrt{6}} & \frac{1}{\sqrt{3}}\end{pmatrix}$,令 $\boldsymbol{X}=\boldsymbol{QY}$,则 $f(x,y,z)=-3x_1^2-3y_1^2$.

10. (1) $\boldsymbol{Q}=\begin{pmatrix}\frac{1}{\sqrt{2}} & \frac{1}{\sqrt{6}} & -\frac{1}{\sqrt{3}}\\ \frac{1}{\sqrt{2}} & -\frac{1}{\sqrt{6}} & \frac{1}{\sqrt{3}}\\ 0 & \frac{2}{\sqrt{6}} & \frac{1}{\sqrt{3}}\end{pmatrix}$; (2) 令 $\boldsymbol{X}=\boldsymbol{QY}$,则 $f(x_1,x_2,x_3)=\frac{3}{2}y_1^2+\frac{3}{2}y_2^2$.

11. (1) $a=1,b=2$；(2) $\boldsymbol{A}$ 的特征值为 $\lambda_1=\lambda_2=2,\lambda_3=-3$，$\boldsymbol{Q}=\begin{pmatrix}\frac{2}{\sqrt{5}} & 0 & -\frac{1}{\sqrt{5}}\\ 0 & 1 & 0\\ \frac{1}{\sqrt{5}} & 0 & \frac{2}{\sqrt{5}}\end{pmatrix}$.

12. (1) $\boldsymbol{P}=\begin{pmatrix}1 & 2 & 1\\ 0 & 1 & -2\\ 0 & 2 & 1\end{pmatrix}$；(2) $\boldsymbol{A}^{100}=\begin{pmatrix}1 & 0 & 5^{100}-1\\ 0 & 5^{100} & 0\\ 0 & 0 & 5^{100}\end{pmatrix}$.

13. (1) $\boldsymbol{P}=\begin{pmatrix}1 & 0 & 1\\ 0 & 1 & 1\\ -1 & -1 & 1\end{pmatrix}$；(2) $\boldsymbol{A}^{100}=\frac{1}{3}\begin{pmatrix}2+5^{100} & -1+5^{100} & -1+5^{100}\\ -1+5^{100} & 2+5^{100} & -1+5^{100}\\ -1+5^{100} & -1+5^{100} & 2+5^{100}\end{pmatrix}$.

14. (1) $\boldsymbol{A}$ 的另一个特征值是 2，属于特征值 2 的特征向量为 $k\begin{pmatrix}1\\1\\1\end{pmatrix}$（$k$ 为不为 0 的任意实数）；

(2) $\boldsymbol{A}$ 的属于特征值 -1 的特征向量为 $k_1\begin{pmatrix}-1\\1\\0\end{pmatrix}+k_2\begin{pmatrix}-1\\0\\1\end{pmatrix}$（$k_1,k_2$ 为不全为 0 的任意实数）；

(3) $\boldsymbol{Q}=\begin{pmatrix}-\frac{1}{\sqrt{2}} & -\frac{1}{\sqrt{6}} & \frac{1}{\sqrt{3}}\\ \frac{1}{\sqrt{2}} & -\frac{1}{\sqrt{6}} & \frac{1}{\sqrt{3}}\\ 0 & \frac{2}{\sqrt{6}} & \frac{1}{\sqrt{3}}\end{pmatrix}$.

15. (1) $\boldsymbol{A}=\begin{pmatrix}1 & 1 & 0\\ 1 & 1 & 0\\ 0 & 0 & 2\end{pmatrix}$，$\boldsymbol{Q}=\begin{pmatrix}\frac{1}{\sqrt{2}} & 0 & -\frac{1}{\sqrt{2}}\\ \frac{1}{\sqrt{2}} & 0 & \frac{1}{\sqrt{2}}\\ 0 & 1 & 0\end{pmatrix}$；(2) $f(x_1,x_2,x_3)=0$ 的解为 $\boldsymbol{x}=\begin{pmatrix}x_1\\x_2\\x_3\end{pmatrix}=c\begin{pmatrix}-1\\1\\0\end{pmatrix}\left(c=\frac{k}{\sqrt{2}}\text{为任意数}\right)$.

五、证明题（略）